Travel and eat alone ★ Travel and eat alone ★ Travel and eat alone

오롯이 혼자, 를 위한 여행서

〈혼자 밥 먹기〉 시리즈

진정한 여행은 혼자 떠나는 여행이 아닐까요? 누구나 한 번쯤 꿈꿨을 인생 여행, 〈혼자 밥 먹기〉 시리즈는 혼자만의 시간을 꿈꾸는 여행자와 함께합니다.

나,

나를 위한 여행을 떠나다.

Travel and eat alone ★

Travel and eat alone ★ Travel and eat alone ★ Travel and eat alone ★ Tr
eat alone ★ Travel and eat alone ★ Travel and eat alone ★ Travel and
ne ★ Travel and eat alone ★ Travel and eat alone ★ Travel and eat alon
vel and eat alone ★ Travel and eat alone ★ Travel and eat alone ★ Travel
alone ★ Travel and eat alone ★ Travel and eat alone ★ Travel and eat al
Travel and eat alone ★ Travel and eat alone ★ Travel and eat alone ★ Tr
eat alone ★ Travel and eat alone ★ Travel and eat alone ★ Travel and
ne ★ Travel and eat alone ★ Travel and eat alone ★ Travel and eat alon
vel and eat alone ★ Travel and eat alone ★ Travel and eat alone ★ Travel
alone ★ Travel and eat alone ★ Travel and eat alone ★ Travel and eat al
Travel and eat alone ★ Travel and eat alone ★ Travel and eat alone ★ Tr
eat alone ★ Travel and eat alone ★ Travel and eat alone ★ Travel and
ne ★ Travel and eat alone ★ Travel and eat alone ★ Travel and eat alon
vel and eat alone ★ Travel and eat alone ★ Travel and eat alone ★ Travel
alone ★ Travel and eat alone ★ Travel and eat alone ★ Travel and eat al
Travel and eat alone ★ Travel and eat alone ★ Travel and eat alone ★ Tr
eat alone ★ Travel and eat alone ★ Travel and eat alone ★ Travel and
ne ★ Travel and eat alone ★ Travel and eat alone ★ Travel and eat alon
vel and eat alone ★ Travel and eat alone ★ Travel and eat alone ★ Travel
alone ★ Travel and eat alone ★ Travel and eat alone ★ Travel and eat al
Travel and eat alone ★ Travel and eat alone ★ Travel and eat alone ★ Tr
eat alone ★ Travel and eat alone ★ Travel and eat alone ★ Travel and
ne ★ Travel and eat alone ★ Travel and eat alone ★ Travel and eat alone ★

하노이 에서

Travel and eat alone in Hanoi

혼자 밥 먹기

하노이에서 혼자 밥 먹기

Travel and eat alone in Hanoi

전혜인

리얼북스
RealBooks

Prologue

하노이는 맛있는 음식을 부담 없는 가격에 먹을 수 있는 먹거리 천국이다. 아는 베트남 음식이라고는 쌀국수와 월남쌈, 분짜가 전부였던 내 앞에 펼쳐진 하노이 음식 세계는 실로 놀라웠다. 입도, 눈도, 분위기도, 함께하는 사람과의 관계도 채워지는 '좋은' 음식을 만끽하기에 충분했다.

하노이에 정착한 지 벌써 1년. 베트남 음식은 나와 새로운 터전을 이어준 고마운 매개체다. 처음 보는 음식을 접하고, 테이블 너머를 곁눈질하면서 베트남의 식문화를 익히고, 그들을 따라 먹고 마시면서 지역 커뮤니티의 일원이 되어 갔다. 음식을 주문하기 위해 숫자를 배웠고, '퍼', '분짜'를 그럴듯하게 발음하기 위해 베트남 알파벳과 강세를 익혔다. 하노이의 색깔을 담뿍 머금은 음식을 매일 먹고 마셨더니 어느새 반쯤은 베트남 사람이 된 것 같다.

'오늘은 무엇을 먹을까?' 하노이 생활의 원동력이 되는 행복한 고민이다. 맛집을 수소문하여 구글 지도에 표기하기 시작했는데 어느덧 깃발이 백 개를 넘어섰다. 만족할만한 음식을 먹은 날이면 종종 SNS에 사진을 올렸다. '식당 이름이 뭔가요?' 문의가 빗발쳤다. 좋은 것은 나눌수록 풍성해지는 법. 여행객이 갈만한 식당과 카페, 술집을 추천하기 시작했다. 사람들이 하노이에서 맛있는 음식을 먹고 기뻐하는 것을 보며 나 또한 뿌듯함을 느꼈다. 귀한 시간을 내 여행 오는 이들이 하노이 식문화를 풍부하게 경험하고 돌아갔으면 하는 마음, 그 진심이 이어져 책을 쓰기에 이르렀다.

책에 수록한 음식점은 셀 수 없이 많은 하노이 식당 중 실제로 자주 방문하는 곳을 중심으로 선정했다. 일주일에 적어도 세 번은 먹는 단골 밥집, 단골 카페도 포함되어 있으며, 베트남에서 첫 생일을 축하했던 레스토랑, 기념일에 사랑을 속삭인 바(Bar) 등 추억이 담긴 장소도 넣어 두었다. 특히 '나 홀로 여행'을 인생의 낙으로 삼는 사람으로서, 하노이를 혼자 여행하는 사람이 방문하기 괜찮은 가게 위주로 목록을 꾸렸다. 물론 두 사람 이상이 함께하기에도 좋은 곳이다. 한화로 천오백 원 남짓한 길거리 음식, 몇백 원짜리 디저트에서부터 1인분에 몇만 원을 호가하는 고급 음식점까지 골고루 선정했으니 취향과 예산 계획에 맞추어 자신에게 잘 맞는 하노이 먹거리 여행을 설계하길 바란다.

나는 요리 전문가가 아니라 그저 여행을 좋아하고 음식을 사랑하는 사람, 그리고 하노이에 거주하는 사람이다. 현지에서 먼저 먹고 마신 경험을 공유하고자 하노이를 구석구석 발로 뛰며 직접 먹고 마시고 취재하였다. 여행할 때 '현지에 사는 친구가 있으면 식당을 추천받을 텐데'라는 생각을 하는 분들께 '친구'가 되어 줄 책을 쓰고 싶었다. 하노이 여행을 앞두고 무엇을 먹을지 고민하는 분들, 먹는 것을 여행의 낙으로 여기는 분들, 혹은 직접 갈 여건이 되지 않아 책으로나마 베트남 음식을 간접 경험하고 싶은 분께 책을 권하고 싶다.

베트남은 현재 경제성장과 더불어 사회 문화 전반에 걸쳐 격동적인 변화를 맞이하고 있다. 눈 깜짝할 새 큰 건물이 들어서고 다국적 기업이 우수수 진출하며 하루에도 셀 수 없이 많은 가게가 새로 열리고 닫힌다. 책에는 최대한 운영의 안정성을 고려해 식당을 수록했지만, 음식점의 운영 여부, 운영 시간 등이 유동적일 수 있음에 미리 양해의 말씀을 드린다.

음식 예찬가로서 내겐 음식에 대한 뚜렷한 철학이 있다. 맛있는 음식은 사람의 마음을 여유롭게 하고 삶에 의욕을 불러일으킨다. 맛있는 음식은 함께 음식을 나누는 옆 사람을 더욱 사랑하게 만든다. 음식은 나와 너, 과거와 현재를 이어주는 연결고리가 된다. 음식은 우리의 삶을 풍요롭게 만들어 준다. 지루하던 일상이 맛있는 음식을 만나면 설렘 가득한 '여행'으로 바뀐다.
책을 읽는 분들에게도 음식이 가진 행복의 기운이 함께 하길 진심으로 바란다. 그리하여 하노이 여행의 기쁨이 배가 될 수 있기를. 일상으로 돌아간 후에도 그 기억으로 부디 힘차게 살아갈 수 있기를.

날마다 여행하는 마음으로, 오늘도 여행하는 마음으로.
Chúc ngon miệng!(쭉 응온 미엥, 맛있게 드세요!)

하노이 하늘 아래 어딘가에서
당신을 응원하는,

전혜인

Contents

Chapter02 호안끼엠 하부(프랑스 지구)

Chapter03 서호(West Lake)

Chapter04 기타 지역(바딩 Ba Đình, 커우져이 Cầu Giấy)

하노이(Hanoi)는 베트남의 수도이자, 호치민에 이어 베트남에서 두 번째로 규모가 큰 도시다. 하노이라는 도시명은 '강안의 땅(河内)'이라는 의미로 40km에 이르는 지역이 홍강(Red River)에 둘러 싸여 있다.
이 책에서는 하노이를 총 네 개의 지역으로 구분해 챕터별로 기술하였다. Chapter 1은 호안끼엠 호수를 중심으로 하는 구시가지(Old Quarter), Chapter 2는 호안끼엠 하부 일대를 아우르는 프랑스지구(French Quarter), Chapter 3은 서호(West Lake) 주변, Chapter 4는 킴마, 쭝화, 미딩을 포함한 바딩(Ba Dinh)과 커우저이(Cau Giay) 지역을 다룬다.

베트남 속담 중에 이런 말이 있다. "음식이 있어야 도를 논할 수 있다", "하늘이 벌을 내릴 때도 식사 시간은 피한다". 식(食)을 얼마나 중요시하는지 알 수 있는 대목이다. 베트남 사람들은 '먹는 것'에 가치를 부여하고 즐기며 식문화를 발전시켜 왔다. 베트남 음식은 어떤 배경을 토대로 발달하게 되었을까?

역사적으로 베트남은 여러 문화가 교류하는 지리적 요충지로 기능해왔다. 안타깝게도 이러한 지리적 환경으로 인해 외세의 침략에서 벗어나지 못했다. BC111년 시작되어 AD939년까지 무려 1,000년 가까이 지속한 중국의 지배, 1883년부터 1945년까지의 프랑스 식민 통치, 1964년부터 1973년 사이에 벌어졌던 월남전 등 전쟁과 식민지배의 아픔이 아로새겨진 굴곡의 역사를 가지고 있다. 그런데 이와 같은 격동의 역사는 동서양 문화를 혼합한 복합문화가 만들어졌다. 더욱이 베트남 문화에 영향을 가장 많이 미친 중국과 프랑스는 본래 동서양 미식을 대표하는 양대 산맥이다. 자연스럽게 베트남은 고유의 동남아시아 식문화를 바탕으로, 음식을 기름에 조리하는 중국식 문화, 빵이나 커피를 기본으로 하는 프랑스의 식문화를 융합하여 독특한 식문화가 만들어졌다.

한편 남북 간 길이가 1,650KM나 되는 세로로 긴 지형으로 인해 베트남 음식은 지역별로 색다른 특성이 있다. 그중 하노이는 북부를 대표하는 지역으로, 동아시아에서 가장 오래된 수도로 알려져 있는데 무려 1,010년부터 천 년의 계보를 이어가고 있는 역사의 도시다. 식문화 측면에서도 그 명성에 걸맞은 전통을 유지하고 있다. 북부의 음식은 남부보다 담백하며, 쌀농사에 적합한 지형적 특질로 인해 쌀을 이용한 음식이 발달했다. 그중 가장 잘 알려진 것이 '쌀국수'(PHO)다. 따라서 하노이를 여행한다는 것은 인생 최고의 쌀국수를 접할 기회를 얻는다는 의미다. 또한 한국인에게 생소한 베트남식 찰밥 쏘이쌔오, 쌀가루를 개어 크레페처럼 부쳐 돌돌 말아낸 반쿠온과 퍼쿠온 등의 색다른 쌀 요리를 접할 절호의 기회이기도 하다.

최근에는 하노이를 비롯한 베트남 주요 도시들에 새로운 식문화 풍조가 확산하는 추세다. 적극적 경제 문화 개방 정책에 힘입어 세계 각국에서 온 이주민들이 본토의 맛을 살려 운영하는 음식점과 카페가 증가하고 있다. 이탈리안, 프렌치, 한식, 일식, 중식 등 세계 음식이 각축을 벌이는 가운데, 한국 물가보다 훨씬 저렴한 가격으로 이국적 음식을 경험할 수 있으니 여행객의 다양한 입맛을 충족시키기에 부족함이 없다.

하노이가 천상의 음식을 자랑하는 미식의 도시임은 분명하지만, 대부분 로컬 식당이 상당히 허름하다. '식당'이라기보다 노점상에 가까운 가게가 더 많다. 하지만 베트남의 식문화를 경험하리라 결심했다면 눈 딱 감고 즐겨보기를 권한다. 일단 한 번 맛보고 나면 깨닫게 될 것이다. 왜 베트남 음식에 전 세계가 열광하는지를.

QR코드 리더기로 QR코드를 스캔하면 도서에 소개된 곳의 위치 정보를 확인할 수 있습니다.

Chapter 01

호안끼엠 호수 주변 (구시가지, Old Quarter)

하노이를 여행할 때는 도시의 심장이라 할 수 있는 호안끼엠(Hoan Kiem) 호수를 근거지로 하는 것이 좋다. 호수를 중심으로 미로처럼 얽힌 구시가지는 약 1,000년간 활발한 상업 활동의 무대가 된 지역이다. 하노이의 전통이 녹아있는 땅이자 역사의 산실이다. 볼거리, 먹을거리가 풍부하고 마사지나 기념품 가게 등 관광객을 위한 시설이 많다. 이른 아침 호수 주변에서는 태극권을 수련하기 위해 모인 사람들을 볼 수 있다. 밤이면 제기차기, 딱지놀이 등 야외 놀이문화가 한창이며 춤판도 벌어지는 생기 넘치는 동네다. 주말에는 큰 규모의 야시장도 열린다. 하노이의 전통과 문화를 체험할 수 있는 구시가지로 여행을 떠나자.

QR코드 리더기로 QR코드를 스캔하면 도서에 소개된 곳의 위치 정보를 확인할 수 있습니다.

영혼을 위한 소고기 쌀국수
퍼 수엉 Phở Sướng

24B Đinh Liệt, Hàng Bạc, Hoàn Kiếm, Hà Nội
+84 (0)91 619 76 86
breakfast 05:30 - 11:00, dinner 16:30-21:30
Vietnam traditional beef noodle soup, fried bread, etc.

베트남 쌀국수의 맛과 분위기를 온전히 담고 있는 쌀국수.

번잡한 구시가지의 중심에 위치한 딩리엣(Đinh Liệt) 길에서 곁가지로 난 작은 샛길, 일부러 찾지 않으면 생전 눈여겨보지 않을 골목에 쌀국수 가게 〈퍼 수엉 Phở Sướng〉이 있다.
간판이 있어 가게라고 짐작할 수는 있으나 살림살이는 가정집만큼이나 단출하다. 고깃국을 끓이는 솥, 국수, 고명으로 쓰는 고기가 담긴 쟁반, 튀긴 빵이 전부다. 간판이며 식기며 한 눈으로 보아도 오랜 세월이 묻어나는 집이지만 의외로 손님이 식사하는 공간은 깨끗하게 정돈되어 있다.

메뉴는 단순하다. 베트남 쌀국수에. 고명으로 올릴 고기에 몇 가지 선택사항이 있을 뿐이다. 덜 익힌 고기(tai), 완전히 익힌 고기(chin), 기름기가 많은 부위(gau), 살코기(nam) 중에서 원하는 조합을 고를 수 있다.
잘 익은 고기(chin)나 덜 익은 고기(tai)을 주문하면 적당한 고기 부위를 섞어 만들어 준다. 국수 가격은 한국 돈 2,000원에서 2,500원 사이.

국수에 고명 얹고 국물을 부어 테이블까지 가져다주는 시간은 단 30초. 분홍빛 소고기에 연둣빛 쪽파 네 줄기, 뽀얗게 끓여진 국물 아래 비치는 흰색의 쌀국수. 수저를 들기 전 한참 눈으로 음미하고 싶은 모양새다. 국물은 고기향이 진하면서도 부담스럽지 않게 담백하다. 깔끔한 맛이 돋보이는 육수에 쪽파에서 우러난 자연의 단맛이 더해졌다. 먹어본 쌀국수 국물 중에 단연 최고다.

야들야들한 국수를 젓가락으로 크게 집어 후루룩 들이켰다. 입에 넣고 두어 번도 채 씹지 않았는데 면발이 저절로 사르르 녹아 없어진다. 고기 또한 육질이 부드러울뿐더러 얇게 썰려 있어 국수와 함께 먹기 딱 좋은 식감이다. 살코기와 지방이 적절히 섞여 있다. 가끔 국수에 고수가 딸려 들어오는데 향긋한 맛이 느껴진다.

옆 테이블에서 식사를 하던 베트남 중년 남성이 쌀국수 먹는 법을 자세히 가르쳐 주었다. 그리고 의기양양하게 외쳤다.

"여기 쌀국수가 진정한 하노이 쌀국수예요. 내가 보장하지요."

여행을 많이 다녔지만 식사하면서 이런 기분을 느낀 건 처음이었다. 진심으로 환영받는 느낌이랄까. 이방인에 대한 경계심이 아니라 호기심을 먼저 보여주는 하노이 사람들. 〈퍼 수엉 pho suong〉의 쌀국수는 '하노이에 잘 왔어'라고 베트남 사람들이 내게 건네는 따뜻한 인사와도 같았다. 이상적으로 꿈꾸던 베트남 쌀국수의 맛과 분위기를 온전히 담고 있는 쌀국수. '내 영혼을 위한 소고기 쌀국수'였다.

처음 맛보는 궁극의 비빔 쌀국수
분보남보 Bún Bò Nam Bộ

67 Hàng Điếu, Cửa Đông, Hoàn Kiếm, Old Quarter, Hoan Kiem Hà Nội
+84 (0)24 3923 0701
07:30 - 22:30
Bunbonambo, chicken soup, nem, soda, beer ect.

'퍼', '분짜'와 함께 베트남 쌀국수의 대표 주자로 알려진 '분보남보'.

파란 간판을 내 건 항더우(Hàng Điếu) 67번지는 연중 내내 문전성시를 이루는 하노이의 명물 분보남보 가게다. 간판에 분보남보(Bun Bo Nam Bo)라는 글씨만 큼지막하게 써 놓은 것만으로도 분보남보에 대한 자부심을 엿볼 수 있다.

가게 안에 들어서자마자 실내를 가득 메운 전 세계 여행객들이 보인다. 물론 관광객만 상대하는 뜨내기 식당은 절대 아니다. 감칠맛 나는 비빔국수를 먹기 위해 찾은 현지인도 관광객 수 만큼이나 많다. 현지인이 즐겨 찾는다는 것은 이 가게의 분보남보가 진짜배기라는 증명일 터. 베테랑 식당답게 주문과 서빙은 일사천리로 이루어진다.

주문받은 지 몇 분이 지나지 않아 테이블 앞에 국수가 놓였다. 형형색색 아름다운 색깔을 자랑하며 눈을 사로잡는 동시에 채소, 육류, 견과류, 국수 등 다채로운 질감이 한데 모여 식욕을 자극한다.

젓가락으로 가볍게 면을 섞으면 아래 깔려 있던 채소와 소스가 먹기 좋게 어우러진다. 고기와 채소, 면을 골고루 잡아 크게 한 입 떠올리니 신맛, 단맛, 짠맛이 골고루 입안을 메우면서 미각 세포를 자극한다. 여기에 하노이 비어 한 모금이면 감탄사가 절로 터져 나온다.

추천 메뉴는 당연히 분보남보. 국수에 고명으로 얹어 나오는 '무'를 닮은 채소가 있는데 이것은 우리가 아는 무가 아니라 베트남 국수에 흔히 사용하는 '어린 파파야'다. 꼭꼭 씹으며 무와 닮은 듯 다른 맛을 느껴보길 바란다. 사이드메뉴를 곁들이고 싶다면 손가락 모양의 지방 특산 '넴'(바나나 잎으로 싸서 쪄낸 베트남식 햄)을 추가해도 좋다.

얇고 부드러운 면발 위에 싱싱한 채소와 맛있게 구워진 고기가 듬뿍, 고명으로 땅콩 가루와 양파 프레이크를 뿌리고 달짝지근한 소스를 휘휘 두른 궁극의 비빔 쌀국수 '분보남보'. 설명만으로도 침이 고인다.

신비로운 골목의 빈티지 카페
리틀플랜카페 The Little Plan Cafe

11 Phủ Doãn, Hàng Bông, Hanoi, Hoàn Kiếm, Hà Nội
+84 (0)91 680 97 84
08:00 - 22:00
coffee, juice, dessert, etc.

매캐한 매연 냄새, 녹슨 파이프들이 얽기 설기 놓여있는 좁은 골목, 카페가 있다고는 도무지 상상할 수 없는 허름한 길에 예쁘게 단장한 <The Little Plan Cafe>의 간판이 마중한다.

닫혀 있던 작은 문을 살며시 열면 바깥 세계와는 전혀 다른 공간이 펼쳐진다. 생기 넘치는 직원들, 아기자기한 주방 도구들이 카페의 성격을 보여준다. 계단을 올라 2층에 들어서면 비로소 이 카페의 진짜 매력을 알 수 있다. 빈티지한 물건들로 가득한 복층 공간, 탁 트인 테라스. 벽에 걸린 특색 있는 그림과 세계지도. 소품 하나하나가 저마다의 사연을 뽐낸다. 음식이 나올 때까지 전시회에 온 사람처럼 가게 내부를 구경해도 좋다. 주인의 인테리어 감각이 보통이 아니다.

주문한 후 십 분 남짓한 시간이 흐르고, 인테리어만큼이나 세심한 손길이 닿은 음료와 케이크가 나왔다. 귀여운 찻잔에 담긴 거품 풍성한 카페라테, 아이스크림을 올린 바나나케이크. 서로 다르지만 은근히 어울리는 그릇들과 테이블 위의 드라이플라워가 오랜 친구처럼 조화롭게 어우러진다. 제 아무리 무뚝뚝한 사람이라 해도 사진을 찍게 만드는 앙증맞은 한 상이다.

시각적인 만족이 워낙 좋아서 음료와 디저트에 대한 맛 보다는 눈으로 보았던 카페의 풍경, 그날 들었던 음악, 몸으로 느꼈던 정취가 더 기억에 남는 카페다. 〈The Little Plan Cafe〉에 다녀오고 이런 생각을 했다. '맛있게 먹는다'는 것은 단지 입에 넣고 우물거리고 삼키는 행위만을 의미하는 게 아니구나. 정작 입으로 무슨 맛을 느꼈는지보다 카페에 머물렀다는 것 자체가 소중한 기억으로 남는, 새로운 경험을 하게 해 준 카페였다. 낡고 번잡한 골목에서 이런 보물창고를 찾아내는 일, 그게 바로 여행이 주는 선물이 아닐까.

목욕탕 의자에서 캐러멜 푸딩을
Kem Caramen Dương Hoa

29 Hàng Than, Nguyễn Trung Trực, Ba Đình, Hà Nội
+84 (0)96 248 59 59
08:00 - 23:00
caramel Pudding, coconut ice cream, coconut Jelly, etc.

'캐러멜 푸딩'에 목욕탕 의자를 연결시키게 될 줄은 꿈에도 몰랐다.

상상해보지 않아 더욱 재미난 푸딩 가게가 항탄(Hang Than) 29번지에 있다. 구시가지답게 가게 앞 차도는 바쁘게 움직이는 자동차와 오토바이, 사람으로 붐빈다. 길을 지나던 오토바이 중 상당수가 29번지 노란 집에 잠시 주차를 한다. 오토바이에 타고 있는 이들은 대부분 20대 젊은이들. 간혹 3, 40대도 보인다. 전통이 있는 하노이 대표 디저트 집 두엉화(Duong Hoa)에 간식을 먹으러 온 것이다. 디저트를 포장하기 위해 잠시 들렀다는 30대 베트남 여성은 고등학생 때부터 이곳의 디저트를 먹었고 지금은 자녀들에게 줄 간식을 사러 온 길이라고 했다.

〈켐 캬라멘 두엉화 Kem Caramen Duong Hoa〉를 알게 된 것은 베트남 대학생 친구 덕분이다. 평소 알고 지내던 베트남 친구가 어느 날 뜬금없이 카라멜 푸딩을 먹으러 가자고 했다.
그녀는 유명하다는 캐러멜 푸딩 가게로 앞장섰고, 나는 가게에 도착하고 나서도 그곳이 푸딩을 파는 집인 줄 알지 못했다. 가게 앞 길가에 줄줄이 늘어선 목욕탕 의자, 시골의 간이식당처럼 오래된 건물에 휑하니 놓인 몇 개의 테이블, 건물과 건물 사이 아주 작은 샛길에 주방을 차리고 부지런히 움직이는 사람들. 친구는 나를 실내로 안내해 목욕탕 의자에 앉혔다. 그리고 고등학생쯤 되어 보이는 젊은 직원에게 "캬라멘"을 두 개 달라고 말했다. 이윽고 주문한 디저트가 우리 앞에 놓였고, 놀랍게도 그것은 정확히 내가 아는 그 캐러멜 푸딩이었다. 먹는 장소와 플레이팅이 조금 다를 뿐.

베트남 현지에서는 캐러멜 푸딩을 “Caramen(캬라멘)”이라고 부른다. 어린이와 젊은이 사이에 매우 인기 있는 디저트이며, 카페보다는 〈두엉화 Duong Hoa〉 같은 로컬 가게에서, 혹은 마트에서 판매하는 게 일반적이다. 신당동 골목이 떡볶이로 유명하듯이 〈두엉화 Duong Hoa〉 가 있는 항탄(Hang Than) 거리는 캐러멜 푸딩을 비롯한 현지 디저트로 유명해 10대 20대 친구들로 문전성시를 이룬다. 바로 옆집도 〈캬라멘 킴옌 Caramen Kim Yen〉이라는 간판을 건 작은 푸딩가게다. 〈두엉화 Duong Hoa〉에서는 푸딩뿐만 아니라 코코넛을 가공해 만든 아이스크림, 코코넛 밀크와 주스로 만든 코코넛 젤리 등 생소한 베트남 디저트를 접할 수 있다. 카스텔라 빵도 함께 판매한다. 집에 있는 가족을 생각해 두 손 가득 푸딩과 빵을 포장해 가는 풍경을 흔히 볼 수 있다.

깜짝 놀랄만한 것은 디저트 가격이다. 기본 메뉴인 캐러멜 푸딩은 개당 한화로 약 350원이다. 코코넛 밀크를 부어주는 푸딩은 500원, 코코넛을 통째로 파서 내어주는 코코넛 젤리와 아이스크림은 2,000원 전후다. 한 번 갈 때마다 캐러멜 푸딩, 코코넛 아이스크림, 코코넛 젤리를 전부 시켜도 합쳐서 오천 원이 나오지 않는다. 한국 카페에서 메뉴 하나 시키는 가격과 같으니 잔뜩 주문하게 된다. 단, 가격이 정찰제로 표시되어 있지 않아 외국인 관광객에게 약간 높여서 가격을 부를 수도 있으니 주의하자.

안락하고 깨끗한 카페가 아닐지라도 이곳에서 먹은 디저트는 지금껏 먹어온 어떤 푸딩이나 젤리보다도 달콤하고 부드러웠다. 달콤한 게 당기는 날 혼자 가게에 들러 목욕탕 의자에 앉아 베트남식 달콤함을 만끽하는 것, 의외로 참 낭만적이다. 하노이에서라면 카페에 앉아 우아하게 먹는 푸딩은 잠시 잊고 현지인들 사이를 비집고 들어가 실속 있는 캐러멜 푸딩을 먹어보길 바란다.

진정한 골목 식당은 이런 것! 쫀득쫀득 꼬치구이
넴 츄아 푸엉 Nem Chua Phượng

10 Ấu Triệu Hàng Trống, Hoàn Kiếm, Hà Nội
+84 (0)98 - 291 - 5088
14:00 - 24:00
Nem Chua, fried potato, etc.

동네 골목에서 군것질하던 어린 시절이 떠올라 어린아이처럼 해맑게 웃었다.

베트남 여행을 하는 사람이 많아지면서 자연스레 베트남 음식에 대한 관심도 늘고 있다. 쌀국수, 분짜, 반미 등이 한국에서 엄청난 유명세를 얻었고, 최근에는 베트남 전통 찰밥도 미디어를 통해 소개되었다. 아직 한국인들에게 많이 알려지지 않았지만 하노이에서 매우 유명한 간식이 있으니 바로 '꼬치구이'(Nem Chua Nướng)다.

하노이 관광의 중심지인 성요셉성당 옆 작은 골목에 꼬치구이 맛집이 숨어 있다. 좁은 샛길에 간이식당을 펼친 것이므로 정말 자세히 들여다봐야만 찾을 수 있다. 이 가게야말로 진정한 '골목 식당'이 아닐까. 일단 가게를 찾기만 한다면 남은 순서는 어렵지 않다. 꼬치구이를 먹고 싶은 개수대로 시키고, 음료를 원하면 레모네이드를 추가한다. 기다리는 동안 직원들이 음식 만드는 것을 지켜보노라면 식욕이 폭발한다.

꼬치구이는 바나나 잎을 깐 대나무 소쿠리에 담겨 나온다. 베트남 음식을 서빙할 때 흔히 볼 수 있는 쟁반인데 자연 친화적인 플레이팅이 음식에 '정'을 더한다. 꼬치를 베어 물면 기분 좋은 돼지고기의 향이 입안을 가득 채우고, 고기에 포함된 콜라겐 덕에 쫀득한 식감을 느낄 수 있다. '떡갈비'를 얇게 만들어 꼬치에 꽂은 것이라고 봐도 좋겠다. 쫀득쫀득한 고기가 윗입술 아랫입술을 쩍쩍 붙게 만든다.

현지의 간이 식당인지라 영어 주문은 불가능하지만 두려워할 필요는 전혀 없다. Nem Nuong(넴 누엉 : 꼬치구이)이라고 말한 뒤 개수는 손가락을 사용하면 된다. 보통 10개를 기본으로 주문한다. 다른 것을 추가하고 싶다면 손가락으로 다른 테이블의 음식을 가리키는 게 제일 간단하다. 한 개는 '못', 두 개는 '하이'라고 발음하니 음식 이름 뒤에 '못'이나 '하이'를 붙여도 좋다. 덤으로 정겨운 미소를 덧붙인다면 수 분 내로 맛있는 음식을 받아볼 수 있을 것이다.

꼬치구이가 메인이지만 그 뒤를 잇는 인기 메뉴가 있다. 바로 감자 튀김(Khoai Tây Chiên). 보글보글 끓는 기름에 감자 튀기는 모습을 보다 보면 추가 주문을 하기가 일쑤다. 한 번에 여러 가지 메뉴를 먹으면 음식이 더욱 맛있게 느껴지는 이유가 무엇일까.

힙스터의 성지
콩 카페 CONG CAFE

INFO
add. 27 Nhà Thờ, Hàng Trống, Hoàn Kiếm, Hà Nội (외 지점 다수)
tel. +84 (0)91 181 11 33
hours. 07:00 - 23:00
menu. coconut coffee smoothie, vietnamese coffee, etc.

베트남 힙스터들의 카페 겸 라운지

〈Cong〉은 젊은 여성 사업가 링(Linh Dung)이 하노이에 2007년 창업한 카페다. 지난 10년간 폭발적인 성장을 거듭하며 베트남 카페 문화에 한 획을 그었다. 2018년 현재 하노이에만 28개, 전국적으로 40여 개의 매장을 운영하고 있으며, 2018년 7월 서울 연남동에 한국 1호점을 론칭하기도 했다. 여기까지 들으면 단지 미국 커피의 대명사 Starbucks의 아류에 해당하는 프랜차이즈 커피전문점이 아닌가 생각할 수 있지만 단언컨대 그렇지 않다. 콩 카페는 여느 프렌차이즈 카페들과 비교할 수 없을 만한 특징을 두루 갖춘 획기적인 카페이자, 카페 문화의 혁명이라 부를 만큼 참신한 공간이다.

〈Cong Cafe〉의 매력은 로고에서부터 시작된다. 멀리서도 눈에 띄는 심플함, 그러면서도 강렬한 카리스마를 가진 간판은 한 번 보면 좀처럼 잊히지 않는다. 카페의 상징적인 색으로 조색한 녹색 대문을 열고 들어가면 말 그대로 '힙'의 성지가 펼쳐진다. 나무로 된 바닥, 어두컴컴한 조명, 카키색을 중심으로 한 빈티지 인테리어를 기본으로 중간중간 눈에 띄는 포인트를 배치해 놓았다. 중국풍의 화려한 꽃무늬 빨간색 쿠션, 테이블 위의 앙증맞은 생화는 자칫 거북할 수 있는 어두운 인테리어에 위트 있게 빛을 밝힌다.

시선을 사로잡는 것은 그 뿐만이 아니다. 벽에는 수십 년 전 베트남인들이 실제로 사용했을 법한 프로파간다 포스터가 줄줄이 걸려 있다. 카페 이름에 들어간 'Cong'은 '베트콩' 할 때 '콩', 말하자면 '공산주의'의 '공'을 베트남어로 쓴 것이다. 카페의 콘셉트는 '베트남 공산주의자'다. 베트남 젊은이가 자국의 역사적 배경을 주목해 신세대의 감각으로 재해석한 것이다. 우중충한 조명 아래 선전 포스터와 낡은 중고서적들에 쌓여 있다.

Cong의 혁신은 여기에서 끝나지 않는다. 베트남이 워낙 커피로 유명한 나라이기에 커피를 판매함에 있어 새로울 것이 뭐가 있겠냐마는 콩카페는 또 하나의 쾌거를 이룩했다. 블랙 커피에 연유를 타마시는 베트남 전통 커피 '카페스어다'를 능가하는 신(新) 베트남식 커피를 독창적으로 개발한 것이다. 바로 한국인에게 큰 인기를 누리고 있는 코코넛 스무디 커피다. 열대지방에서 쉽게 재배되는 코코넛을 이용해 쓴 커피와 어우러지는 메뉴를 만들었는데 전 세계에 콩카페가 명성을 떨치는 데 이 코코넛커피가 큰 몫을 했다.

낮은 유리컵에 산처럼 쌓인 하얀 코코넛밀크 얼음. 그 위에 무심한 듯 시크하게 까만 커피가 뿌려진다. 먹음직스러운 외형을 본 순간 이미 감탄하겠지만 놀라긴 아직 이르다. 한 입만 떠먹어도 더위를 말끔히 씻어주는 청량감이 온몸에 퍼지고, 쌉싸름한 커피가 야성을 깨운다. '쓰다'는 생각이 들 때쯤 코코넛밀크의 고소한 맛이 입안을 부드럽게 터치한다. 한 번 맛을 본 사람이라면 하노이를 여행하는 동안 적어도 한 번은 더, 어쩌면 하루에 한 번씩 콩 카페에 방문하게 될지도 모른다.

콩카페에 갈 때마다 나는 많은 것을 배운다. 에어컨까지 카키색으로 일일이 채색해 놓은 디테일, 빈티지하게 자체 제작한 전기 스위치, 군인을 연상시키는 참신한 유니폼 등 카페의 모든 공간과 콘셉트에 고민의 흔적이 역력하다. 수첩, 의류, 컵 등의 기념품을 판매하니 여행을 추억할 수 있게 기념품으로 구매해도 좋겠다. 하노이에도 지점이 여러 군데 있고 매장마다 분위기가 약간씩 다를 수 있으니 여러 곳을 방문해 차이점을 비교하는 것도 재미있는 경험이 될 것이다.

CỘNG
27

바게트의 변신은 무죄
반미 25 Bánh Mì 25

25 Hàng Cá, Hàng Bồ, Hoàn Kiếm, Hà Nội
+84 (0)97 766 88 95
07:00 - 21:00 (Sunday 07:00 - 19:00)
Vietnamese style baguette Sandwich, drink

길거리 음식의 왕, 베트남식 바게트 샌드위치 반미(Banh Mi)

반미 수레 앞은 낮이나 밤이나 시간을 가리지 않고 반미를 사려는 사람들로 붐빈다. 든든한 아침 식사로 부족함이 없고, 오후의 나른함을 이겨낼 간식으로도 훌륭하고, 저녁밥 하기 귀찮은 날 간단히 끼니를 때우기에도 제격인 전천후 음식이 반미다. 반미는 이미 많은 나라 사람들에게 알려져 베트남 여행 시 꼭 먹어야 할 음식으로 손꼽힌다. 사실 반미는 웬만한 가게보다 길거리 노점상에서 사 먹는 것이 훨씬 맛있다.

외국인은 언어장벽 탓에 길거리 포장마차에서 반미를 주문하는 게 쉽지 않은데 호안끼엠 호수 근처에 현지식 반미를 맛볼 수 있는 깔끔한 가게가 있다. 항카(Hang Ca) 거리 25번지에 있는 〈반미 25 Banh Mi 25〉다. 쉴 새 없이 몰려드는 손님 덕에 기존의 작은 매장을 확장하였고, 현재는 길을 가운데 두고 가게의 두 공간이 마주보는 형태로 운영 중이다. 가게는 노란색, 초록색 등 원색으로 디자인되어 앙증맞은 분위기를 풍긴다. 영어로 주문할 수 있으며 쾌적하고 위생적인 환경에서 반미를 먹을 수 있다.

반미 맛은 베트남식 바게트에서부터 출발한다. 1800년대 말에서 1900년대 초반에 걸친 프랑스 식민 시절에 바게트가 베트남으로 전해졌다. 베트남의 주식인 쌀가루를 섞어 퓨전으로 개량되었는데, 이 바게트가 혁신이 되었다. 겉은 바삭한데 안은 부드럽고 쫄깃한 질감. 베트남식 바게트는 먹고 먹어도 질리지 않고 지치지 않는다.

바게트가 반미의 기본 스케치라고 하면 각종 재료를 넣어서 반미의 맛과 색을 완성해야 한다.
반미의 특징이자 맛의 비결로 꼽히는 것이 바로 빵 안에 소스처럼 바르는 '빠떼'인데, 이 역시 프랑스 요리 푸아그라에서 영향을 받았다. 프랑스의 푸아그라가 거위 간으로 만든 요리지만, 반미 안에 바르는 빠떼는 거위나 닭, 돼지 등의 간과 일부 고기를 삶고 갈아 크림처럼 만들어놓은 것이다. 빠떼가 반미의 구수함을 책임지는 동안 당근과 오이 같은 채소는 아삭아삭한 식감으로 신선함을 담당하고, 고수는 향긋하게 포인트가 된다. 내 팔뚝만 한 크기의 알찬 믹스(mix) 반미는 한화 1,500원 정도로 저렴한 가격을 자랑한다. 여기에 달콤한 망고주스로 입가심하면 세상 무엇도 부럽지 않다.

베트남의 많은 식당들처럼 〈반미 25 Banh Mi 25〉에도 거리를 바라볼 수 있게 배치한 테이블이 많다. 길에서 가장 가까운 자리에서 혼자 반미를 먹던 날, 내 자리 바로 앞에 오토바이와 차들이 분주하게 달리고 있었다. 그런데 반미를 먹기 시작하면서부터 신비로운 경험을 했다. 바삭, 쫀득, 달콤, 새콤, 무겁고 가벼운 반미의 다채로운 세계에 집중하다보니 내 머릿속에 떠오르는 생각은 오직 '맛있다' 뿐이었다. 여행 중에도 떨쳐지지 않는 근심과 고민이 있다면 모든 것을 잊게 해줄 마법의 반미를 맛보기 바란다.

세계 최고의 피자 플레이스
피자 포피스 Pizza 4P's

24 Lý Quốc Sư, Hoàn Kiếm, Hà Nội (외 지점 다수)
+84 (0)28 3622 0500
10:00 - 23:00
pizza, pasta, salad, drink, etc.

전 세계인을 사로잡은, 피자 레스토랑 계의 작은 거인.

한번 발을 들이면 누구라도 반하는 마성의 피자집 〈Pizza 4p's〉. 피자 좀 먹어봤다 하는 유럽친구들마저 인생 최고의 피자로 꼽을 정도니 하노이 여행의 필수 코스다. 2018년 여름 현재 하노이에는 세 개의 매장이 있는데 그중 방문객이 가장 많고 만족도가 높으며 본점 역할을 하는 곳이 리꿕수(Lý Quốc Sư) 지점이다. 단, 식당의 주소가 24 Lý Quốc Sư 임에도 불구하고 매장 입구는 응오휴옌 Ngo Huyen 길 2번지에 있으니 유의해야 한다.

피자 포피스 리꿕수 지점에 가기 위해서는 Ngo Huyen 길에 들어서야 한다. 밤에 더 활기가 넘치는 이 길을 두고 나는 '젊음의 거리'라는 별명을 붙였다. 다양한 국적의 젊은이들이 에너지를 뿜어내는 길에는 배낭여행객을 위한 호스텔뿐만 아니라 유명한 마사지 전문점, 이름 있는 베트남 음식 전문점이 한데 모여 있다. 그 한가운데서 〈Pizza 4P's〉는 점잖게 불을 밝히며 손님을 맞이하고 있다.

식당에 들어서면 훌륭한 인테리어에 박수부터 나온다. 인더스트리얼한 스타일의 넓고 높은 구조, 벽돌로 장식된 실내는 마치 식전 샴페인을 마신 것처럼 가슴을 뻥 뚫리게 만들어 입맛을 돋운다. 더욱 매력적인 것은 탁 트인 오픈키친. 셰프들이 일렬로 서서 재빠른 손놀림으로 피자 도우를 반죽하고, 좋은 재료를 듬뿍 올려 화덕에 넣고 굽는 장면을 전부 감상할 수 있다.

꼭 먹어야 할 메뉴는 이탈리아 전통 치즈인 '부라타 치즈'가 들어간 피자와 샐러드다. 4P's 만의 특제 홈메이드 부라타 치즈는 호불호 없이 거의 모든 사람의 입맛을 사로잡는 매력 만점의 카메오다. 부라타 치즈와 흡사한 것을 찾자면 생모짜렐라 치즈인데 생김새와 식감이 조금 다르다. 부라타는 동그란 생모짜렐라 치즈의 머리카락을 포니테일로 묶어놓은 모양처럼 생겼다. 한국식으로는 복주머니 정도로 말할 수 있겠다. 부라타치즈가 들어간 메뉴를 받으면 모두 '와' 하고 탄성을 내지른다. 웨이터가 머리 묶은 치즈를 나이프로 4등분 하면 살포시 치즈가 갈라지며 크림처럼 부드러운 속살이 드러난다.

메뉴판을 찬찬히 보면 다소 의아한 메뉴들이 눈에 띈다. 데리야키 치킨 피자, 연어구이 피자 등등. 피자 포피스에 창립자가 일본인인 까닭에 유럽식 피자와 파스타에 일본 식재료를 혼합한 퓨전 메뉴들은 피자 포피스만의 시그니처 메뉴가 되었다. 피자 포피스를 세계 유일의 특색있는 피잣집으로 만드는 데 기여했다. 음료 메뉴도 눈여겨볼 만하다. 피자 포피스에서 직접 만드는 소다 종류가 일품인데, 진저에이드를 시키면 탄산수와 함께 직접 만든 생강엑기스를 따로 내어 손님이 직접 섞어 마시도록 한다.

요즘은 피자 포피스의 인기가 높아 방문하기를 원한다면 사전에 꼭 예약해야 한다. 홈페이지(http://pizza4ps.com/reservation)에 접속하면 영어로 손쉽게 예약할 수 있다. 예약 시 비고란에 선호좌석을 기재하면 방문 당일 배치 가능한 선에서 요청을 맞춰주는 편이다. 리꿕수(Ly quoc su)지점의 경우 바깥 전망이 수려하고 오픈 키친까지 내려다볼 수 있는 2층이 로열석이다. 혼자 방문한다면 1층 오픈 키친의 바(Bar)자리에 앉아 '보는 맛'을 온전히 만끽하며 식사하기를 추천한다. 맛있는 음식으로 가득한 하노이에서 굳이 왜 피자를 먹어야 하나 생각할 수도 있지만, 전 세계인이 극찬하는 피자니만큼 한 끼 정도는 피자에 투자해 보는 게 어떨까?

예술대학 동아리방의 낭만,
하노이 소셜 클럽 The Hanoi Social Club

6 Ngõ Hội Vũ, Hàng Bông, Hoàn Kiếm, Hà Nội
+84 (0)24 3938 2117
08:00 – 23:00 (Tuesday 24:00)
burger, pasta, sandwich, yogurt, coffee, tea, cocktail ect.

아무것도 치장하지 않은 단출한 문 안에 펼쳐진 펄펄 끓는 청춘들의 세상

작열하던 태양이 수그러드는 늦은 오후, 차가 한 대 지나갈까 말까 하는 작은 골목에서 유난히 한 가게만 들고나는 사람들로 분주하다. 외벽에 칠한 노란빛 페인트는 세월에 바래어 미색을 띠고, 크지도 작지도 않은 초록빛 창문은 '아무렇게나' 열려 있다. 한 쪽짜리 유리문 중간에 "The Hanoi Social Club" 라고 무심한 글씨가 쓰여 있다. 아무런 정보 없이 길을 지나다 이곳을 보았다면 틀림없이 어느 사단법인의 모임 공간쯤으로 생각하고 지나쳤을 것이다.

실내는 꽤 어두웠다. 암막 커튼이 쳐진 다락방에 최소한의 조도를 유지하기 위해 커튼을 딱 한 뼘 열어둔 정도로. 몇 개 놓인 작은 테이블에는 손님이 가득했다. 손님들의 국적은 제각각. 저마다 도란도란 이야기를 나누는데 어둠이 소리를 잡아먹기라도 하는지 영문을 모르게 고요함이 감돌았다. 벽 선반에는 고서가 꽂혀 있고 벽마다 사연 있어 보이는 그림과 사진이 걸려 있다. 눈에 확 띄지 않는, 그러나 들여다보면 나름의 매력을 가진 조명과 소품이 제가 있어야 할 자리를 잘 아는 듯 조용히 놓여있었다.

피터 위어의 1989년 영화 〈죽은 시인의 사회〉에서 학생들이 비밀 모임을 할 것 같은 아지트의 느낌이다. 그제야 가게의 이름이 확 와 닿는다. 〈하노이 소셜 클럽 Hanoi Social Club〉 작명과 콘셉트의 일치가 훌륭하다.

'하노이 소셜클럽 버거'는 베트남의 식재료를 듬뿍 담아 퓨전 스타일로 만들어졌다. 적당히 익은 부드러운 패티와 마요네즈까지는 보통 수제버거와 비슷했지만 곁들여진 토핑이 특별하다. 패티 위에 숙주가 잔뜩 올라가 있고 그 위를 고수가 덮었다. 먹은 버거 중에 가장 맛있다고 할 정도는 아니지만, 하노이를 여행할 때만 먹을 수 있다는 것은 분명했다.

음료에 꽂아 준 빨대도 인상적이다. 동남아 식재료 중 하나인 "레몬그라스"를 빨대로 활용했다. 음료를 마시는 즉시 레몬그라스의 향긋함이 가미되도록 한 반짝이는 아이디어였다.

식사를 마치고 나서 가져온 책을 읽으며 한 시간을 머물렀다. 그 시간 동안 '사교 클럽'의 콘셉트를 느낄 수 있었다. 크지 않은 식당임에도 불구하고 1층 카페 공간에 있는 직원만 족히 예닐곱은 되어 보였다. 대학 시절 동아리방이 떠올랐다. 이제 막 어른이 된 청춘들이 내뿜는 진득하지만 정겨운 공기가 묻어두었던 기억을 소환했다. 식당이라기보다 베트남의 어느 예술대학 동아리 방에 와 있는 것 같았다.

서양 여행객들에게는 이미 유명하다는 하노이 소셜 클럽. 베트남 젊은이들의 감성을 경험하고 싶다면 들러보길 바란다. 가게를 가로질러 옥상으로 올라가면 옥탑방의 환상을 실현해 그림 같은 루프탑이 숨어 있으니, 몹시 덥지 않은 날이나 해가 진 시각이라면 도전해도 좋다. 옥상에 올라가는 계단에는 아기자기한 빈티지숍도 있으니 구경하는 재미도 있다. 화요일 밤 밴드 공연과 같이 소소한 문화행사도 기획한다고 하니 시간을 맞출 수 있다면 소셜 클럽의 낭만에 잠기는 하루를 보내기를 추천한다.

정통 아메리칸 다이닝
S&L's American Diner

22 Phố Báo Khánh, Hàng Trống, Hoàn Kiếm, Hà Nội
+84 (0)24 3710 0529
09:00 - 24:00
burger, mac&cheese, steak, salad, drink, etc.

메뉴판을 가득 메운 미국 음식들. 무엇을 먹어도 실망하지 않는다.

호안끼엠 뒷골목을 걷다가 의외의 간판을 보았다. 〈S&L's American Diner〉 라는 이름의 식당이다. 미국 여행을 하고 있다면 골목마다 보게 되는 간판일지 모르지만, 베트남 하노이에서 '아메리칸 다이너'라는 문구를 마주하는 건 흔한 일이 아니다. 보는 순간 짐작할 수 있었다. 사장이 분명 미국인일 거라는 사실을.

자그마한 호텔 지하에 자리를 잡은 〈S&L's American Diner〉 은 미국인 스티븐이 운영하는 정통 미국식 식당이다. 고급 음식을 뜻하는 '정통'이 아니라, 말 그대로 미국 어느 동네에서든 쉽게 볼 수 있는 캐주얼함을 뜻하는 '정통'이다. S&L에 들어서는 순간 미국 드라마나 할리우드 영화에서 수없이 본 동네 식당의 왁자지껄함이 느껴진다. 〈브레이킹배드〉의 제시가 느지막이 일어나 점심을 먹을 것 같은, 〈길모어걸스〉의 로리 모녀가 퇴근길에 들러 하루 동안 쌓인 수다를 나눌 것 같은, 〈그레이 아나토미〉의 알렉스가 포크를 터프하게 들고 맥앤치즈를 퍽퍽 퍼서 입에 넣을 것 같은 분위기라면 이해가 갈까?

미국다운 빨간색과 흰색의 콜라보레이션, 폰트 굵은 포스터들로 경쾌하게 장식된 벽면, 영어로 활기차게 말을 거는 젊은 직원들, 기름진 미국 음식으로 가득한 메뉴판은 내 몸 안의 아드레날린을 자극하기 시작한다. 그래서 〈S&L〉에서 식사를 하는 날은 나도 모르게 대여섯 살 쯤 어려진 것 같은 착각이 든다. 말이 더 많아지고 흥이 넘치는 바람에, 흘러나오는 음악에 맞춰 어깨를 들썩거리며 리듬을 타버린다.

〈S&L〉의 음식은 범위가 매우 넓다. 올데이브런치부터 미국의 전형적인 사이드 디쉬인 맥앤치즈와 감자튀김, 두꺼운 패티에 각종 재료를 토핑한 기름진 버거와 스테이크에 이르기까지, 미국 음식에 대해 상상하는 모든 종류가 다 있다고 봐도 무방하다. 흔히 음식의 가짓수가 많으면 자칫 음식 흉내만 내기 쉬운데 이 식당은 모든 음식의 퀄리티가 상당히 좋다. 무엇을 시켜도 실패하지 않는다.

칼로리가 어마어마할지 모르나 맛있게 먹으면 0칼로리라고 하지 않던가. 신나는 음악을 들으며 어깨춤을 추면서 0칼로리를 섭취하고 기분 좋게 귀가할 수 있을 것이다.

★

고급 카페의 진수를 보여준다
루남 비스트로 Runam Bistro

13 Nhà Thờ, Hàng Trống, Hoàn Kiếm, Hà Nội
+84 (0)24 3928 6697
07:00 - 23:00
Vietnamese food, snack, coffee, tea, cocktail, etc.

서프라이즈를 선물하는 카페. 평범하던 하루가 금세 감탄 가득한 날로 바뀔 것이다.

성요셉성당 가까이에 위치한 〈루남 비스트로 Runam Bistro〉는 라이트블루 배경에 귀여운 폰트 간판의 아기자기한 외관을 가진 카페다. 작은 테이블과 의자로 채워진 아담한 카페 일거라 생각하며 문을 열고 들어선 순간 생각지 못한 반전을 맞닥뜨린다. 카페 내부가 화려하기 때문이다. 우아하게 늘어진 조명, 1층과 2층을 이어주는 멋스러운 나무 계단, 한 벽면을 가득 채운 책장은 고풍스러운 작가의 집 분위기를 연상시켰다. 카페 규모가 크진 않지만, 오히려 그로 인해 절제된 고급스러움에 정겨움이 더해진다.

주문한 음료를 웨이터가 가져오자마자 칭찬이 절로 나온다. '뭐 하나를 허투루 하는 법이 없는 카페구나.' 커피잔 옆에는 여전히 향기를 뿜는 생화 장미 꽃잎이 놓여 있고, 스무디 위에는 꽃을 얼려 만든 얼음이 올라가 있다. 한 입 곁들여 먹을 쿠키도 함께 제공되었다. 직원들의 친절한 서비스와 유창한 영어 실력은 카페의 격을 높이는 데 일조했다. 디테일에 신경 쓸 줄 아는 음식점을 만나면 마음 맞는 친구를 새로 사귄 것만큼이나 기분이 좋다.

여행자들이 가장 많이 주문하는 메뉴는 베트남 전통 커피인 '카페 스어다'. 대부분 카페에서 베트남 커피 원액, 연유, 물과 얼음을 넣어 만든 완성된 커피를 제공하는데 〈루남 비스트로 Runam bistro〉에서는 전통 커피 드립기 '핀'을 함께 제공해 고객이 직접 베트남 커피를 내려 마시는 경험을 할 수 있다. 커피보다 차를 선호하는 사람이라면 투명한 주전자에 담겨 나오는 꽃차를 추천한다. 가게 이름에 비스트로(Bistro ; 음식을 제공하는 카페)가 들어가는 만큼 음식과 디저트도 제법 괜찮은 편이니 간단히 요기해도 좋다.

카페를 나서기 전 볼거리가 또 하나 있다. RUNAM 브랜드에서 제작한 소품을 1층 한 귀퉁이에서 판매한다. 핸드폰 케이스, 머그잔 등의 일반 소품도 예쁘지만, 베트남 카페에 왔으니 커피 관련 제품을 추천하고 싶다. 고풍스러운 무늬가 장식된 베트남 전통 커피 추출기 '핀'이 시선을 잡아끌 것이다. 보통의 핀은 스테인리스로 만들어지지만 루남 비스트로의 핀은 사기로 만들어져 장식품으로도 손색이 없다.

아쉬운 점은 식음료의 가격대가 높다는 것. 커피는 한화로 5천 원, 베트남 전통 샌드위치는 6천 원 이상, 음식은 만 원 후반대로 하노이 물가에 비해 꽤 높은 가격대를 형성하고 있다는 점 참고하길 바란다.

학교 앞 분식집
꽌곡다 Quán Gốc Đa

52 Lý Quốc Sư, Hàng Trống, Hoàn Kiếm, Hà Nội
+84 (0)165 782 7359
10:00 - 22:00
Vietnam style dumpling, fried shrimp, sticky bread, etc.

지역민들에게 인기가 많은 튀김만두 가게

하노이 관광의 중심지 성요셉성당 앞에 있는 도로 리꿕수(Ly Quoc Su). 하노이에서 사람들의 왕래가 가장 잦은 길 중 하나다. 리꿕수 길을 따라 걷다 보면 관광객이 가 볼 만한 맛집, 카페, 소품 점이 줄줄이 등장한다. 유독 한 가게에서 외국인을 찾아보기 힘든데 베트남 전통의 튀김만두를 파는 가게 〈꽌곡다 Quán Gốc Đa〉다.

〈꽌곡다 Quán Gốc Đa〉는 목이 좋은 음식점이다. 길거리 한복판에 있어 성요셉성당을 보러 온 사람이라면 누구나 먹음직스럽게 만두를 튀기는 아주머니를 보게 된다. 정겨운 장면에 관광객들은 발걸음을 멈추고 카메라를 들이댄다. 그러나 가게에 실제로 발을 들이는 여행객은 거의 없다. 가게와 주인아주머니가 가진 '안정감'이 오히려 외국인에게는 진입장벽이 되는지도 모른다.

전에도 수차례 리꿕수 길을 걸었고, 그 때마다 보글보글 튀김을 만드는 아주머니와 눈인사까지 했지만 가게에 들어갈 용기가 생기지 않았었다. 아주머니 어깨 너머로 보이는 가게는 항상 베트남 사람들의 화기애애한 웃음으로 가득 차 있었다. 어느 날 베트남 친구가 튀김만두를 사주겠다며 나를 데려간 곳이 다름 아닌 〈꽌곡다 Quán Gốc Đa〉였다.

가게는 Ly Quoc Su 길에 심어진 가로수만큼이나 자연스럽고 익숙하게 길의 일부가 되어 오랜동안 같은 자리를 지키고 있다. 가게는 현지인들로 가득 차 있는데 10대 후반에서 20대, 많아야 30대로 보이는 젊은이들이고, 둘이 온 사람, 셋이 온 사람, 혼자 온 사람 등 구성도 다양하다. 누군가는 투박한 튀김만두, 누구는 새우가 보이는 새우만두, 누구는 동그랗게 생긴 찹쌀만두를 먹고 있다.

튀김만두는 한국의 중국집에서 튀김옷을 두껍게 입혀 바짝 튀겨낸 군만두와 비슷했다. 베트남인 친구가 알려준, 만두 먹는 방법은 이렇다. 접시에 가득 쌓아둔 채소를 먼저 소스에 듬뿍 찍는다. 그리고 만두 역시 소스에 푹 적신다. 그 다음 만두와 채소를 함께 집어 먹으면 된다. 생긴 것만큼이나 우리에게 매우 익숙한 군만두 맛이다.

찹쌀 크로켓은 반란만(banh ran man)이라는 이름을 가진 음식인데, 맛이 딱 찹쌀 크로켓이라서 내 마음대로 이름을 붙여 보았다. 쫀득한 찹쌀피를 지나 묵직한 만두소가 입에 퍼지니 배보다 입에서 행복한 포만감을 느낀다. 베트남과 우리 입맛이 참 비슷하다고 생각했다.

음식을 먹는 데는 나름의 용기가 필요하다. 외국에서 혼자 밥을 먹어 본 사람이라면 어렵지 않게 공감할 수 있을 것이다. 그리고 신기하게도 '용기'의 관점으로 보자면 〈꽌곡다 Quán Gốc Đa〉와 같은 현지 토박이 음식점이, 서비스가 잘 갖춰진 레스토랑보다 훨씬 난이도가 높은 축에 속한다. 한 번도 안 먹어 본 베트남 튀김만두를 어떻게 용기 없이 먹을 수 있겠나.
〈꽌곡다 Quán Gốc Đa〉의 만두는 단순한 음식이 아니라 마음을 북돋우는 치유의 양식이었다.

바리스타와 함께하는 커피 클래스
버디 커피 앤 트래블 Buddy coffee & travel

68 Hàng Bồ, Hoàn Kiếm, Hà Nội
+84 (0)24 3828 2188
07:00 - 22:00
espresso coffee, Vietnamese coffee, fruit juice, etc.

그토록 찾아 헤맨 맛있는 카페라테, 기대 이상의 커피 수업.

〈버디 커피 앤 트래블 Buddy coffee & travel〉은 구시가지의 작은 호스텔 1층에 자리 잡은 카페다. 화사한 하얀색 인테리어 덕분에 눈에 띄긴 하지만 다른 카페에 비해 특별한 느낌을 주는 정도는 아니다. 다만 이곳에서 커피를 마시는 사람들의 표정이 유난히 밝았다. 바리스타로 보이는 젊은 베트남 청년이 손님들과 유쾌하게 대화를 주고받고 있었다. 그 모습에 이끌려 카페에 들어갔다. 거리와 카페 사이에 딱히 문이라고 할 만한 게 없어서 '카페에 들어갔다'보단 '바리스타에게 가까이 다가갔다'는 표현이 더 어울리겠지만.

별 기대 없이 커피를 주문하고 한 모금 마셨을 때 눈이 번쩍 뜨였다. 그토록 찾아 헤맨 맛있는 카페라테가 여기 숨어 있었다. 쌉싸름하면서도 살짝 신맛이 가미된 에스프레소가 고소한 우유의 품에 포근하게 안긴 맛. 한국의 유명한 카페와 견주어도 부끄럽지 않은 맛이다. 구글 리뷰를 보아도 세계 각지에서 온 여행객으로부터 칭찬이 자자하다. 〈버디커피〉의 커피는 그런 찬사를 받아 마땅한 곳이다.

〈Buddy cafe〉의 주인 부이푸엉 Bui Phong(Windy)은 27살의 전도유망한 바리스타다. 하노이 최초로 바리스타가 운영하는 1:1 Coffee Class를 만든 장본인이기도 하다. 그가 만든 커피 맛에 홀딱 반했기 때문에 주저 없이 커피 클래스를 신청했다. 그의 커피클래스는 환상적이었으며 신선한 충격이었다.

수업은 아라비카 커피 원두와 베트남 특산 로부스타 원두를 비교하는 것, 그리고 베트남 전통 커피를 추출하는 것에서부터 시작되었다. 이어서 본격적으로 아라비카 원두를 이용한 에스프레소 추출을 배웠고, 정량의 원두를 갈아서 템핑(누르기)을 하고 정해진 시간 동안 커피 추출하는 방법을 배웠다. 커피 추출량에 따라 '리스트레또'인지, '에스프레소'인지, '룽고'인지가 정해졌다.

카페라테, 카푸치노, 카페모카 만드는 법은 물론, 라테아트로 하트를 그리기, 베트남 여행자들이 즐겨 찾는 달걀커피 만드는 것까지 꼼꼼히 가르친 뒤에야 수업은 끝이 났다. 점심 먹고 나서 수업을 시작했는데 저녁이 되고 캄캄한 어둠이 찾아올 때 마친 것이다. 시간과 돈이 아깝지 않은, 매우 훌륭한 커피 클래스다.

하노이 카페의 현주소
트릴 비스트로 Trill Bistro

98 Hàng Buồm, Hoàn Kiếm, Hà Nội
+84 (0)91 - 673 - 3838
08:00 - 23:00
Coffee, juice, cake ect.

<트릴 비스트로 Trill Bistro>는 트릴 루프탑 카페(이미 몇 차례 방송을 타고 한국에서 유명세를 떨친 하노이 카페)를 성공시킨 트릴 그룹이 야심 차게 준비한 신생 카페다.

찾아간 주소에는 상상보다 훨씬 평범한 카페 대문이 보였다. '사람들이 열광할 정도는 아닌데?' 미리 정보를 가지고 있지 않았다면 그냥 지나칠법한 모양새다. 하노이 대부분의 카페처럼 〈Trill Bistro〉의 진면목은 문 안에 발을 들이고 나서야 드러났다. 흰색 간판이 달린 작은 입구를 통해 들어가면 오토바이 주차장이 나온다. 'Great Times Are Coming'이라는 네온사인을 보면서 비로소 감을 잡기 시작했다. 이 안에서 훌륭한 시간이 기다리고 있으리라.

카운터에서 주문하고 계단을 따라 올라갔다. '우와' 달리 할 말이 없다. 감탄사만 연거푸 터져 나온다. 센스 있는 인테리어에 아기자기한 소품을 보고 한 번 놀라고, 끝없이 펼쳐지는 새로운 방에 두 번 놀라고, 방마다 각기 다른 콘셉트에 세 번 놀란다.
구석에 숨겨진 방에는 소녀들이 꿈에 그릴 법한 동화속의 침실이 준비되어 있다. 실내를 가로질러 마침내 탁 트인 건물 중앙 테라스에 들어섰을 때 또 한 번 놀란다. '우와' 기와집처럼 가운데를 뻥 뚫어서 디자인한 건물. 중앙엔 커다란 나무가 심어져 있다. 층층이 보이는 난간에는 푸른 식물을 일렬로 배치했다. 맞은편을 바라보면 가슴이 시원해지는 풍경.

메뉴는 커피와 주스, 스무디, 차 등으로 평범한 구성. 가격은 하노이 일반 카페보다는 약간 비싼 수준으로 주스 한 잔에 한화 3,500원 정도다. 모두 기꺼이 값을 지급하는 분위기다. 이곳을 찾은 이들은 단지 음료를 먹기 위해 들른 것이 아니라 '카페 문화'를 누리려는 것이기 때문이다. 다들 커피 한 잔 혹은 주스 한 잔을 손에 쥔 채 안부를 주고받고 세상에 관해 이야기하며 서로의 시간을 공유한다.

재미있는 점은 카페 곳곳에서 사진 찍는 사람들이 많이 보인다는 것이다. '세상 어딜 가든 요즘은 사진이 대세구나'라고 말하기엔 사실 베트남의 사진 찍기 풍조는 한국보다도 더 활발하다. 베트남 젊은이들은 Facebook 안에서 일상의 모든 것을 해결한다고 해도 과언이 아닐 만큼 SNS를 적극적으로 활용한다. 뉴스 검색, 스포츠게임이나 영상, 인터넷 쇼핑까지 페이스북으로 해결한다. 그러다 보니 자연스레 자신의 계정을 멋있는 사진으로 채우고 싶어 하고 Trill bistro 같은 카페는 이들에게 훌륭한 스튜디오가 되어준다.

베트남 사람들이 이곳에서 친구 혹은 커플끼리 카페를 찾아 이야기를 나누고 사진을 찍지만, 나는 홀로 책을 한 권 들고 오롯이 나를 위한 하루를 보냈다. 저 멀리 방 너머에도 혼자 카페를 찾아 일을 하는 서양인이 보였다. 그도 그만의 방식으로 하노이를 즐기는 것이리라. 사랑하는 이들과 함께 카페를 찾은 사람들, 홀로 여유를 즐기는 사람, 급한 일을 처리하는 서양인. 이 모든 일이 가능하도록 공간을 조성하는 것, 그게 바로 하노이 카페 문화의 '현주소'가 아닐까.

베트남식 파인 다이닝의 정수
즈엉스 Dương's Restaurant

27 Ngõ Huyện, Hàng Trống, Hoàn Kiếm, Hà Nội (외 2개 지점)
+84 (0)24 3636 4567
11:00 – 22:00
Vietnamese traditional dishes, drink, etc.

베트남에서 손꼽히는 일류 셰프 황반두엉(Hoang Van Duong)이 운영하는 레스토랑. 방문을 원하면 홈페이지(http://duongsrestaurant.com)를 통해 예약하는 것이 좋다. 전통 코스 요리는 1인당 2만 원 정도.

〈Duong's Restaurant〉은 베트남 음식의 고급화를 주도하는 파인다이닝이다. 레스토랑의 분위기는 캐주얼하지만 음식은 절대 가볍지 않다. '작은 거인'이라는 표현이 어울린다. 복작복작한 골목에 평범한 식당 마냥 수수한 외관을 한 채 서 있지만 레스토랑에 들어가서 식사를 하면 '대가'의 손맛을 경험하게 된다.

대표 메뉴는 베트남 전통 음식이 코스로 나오는 트레디셔널 세트(Traditional Set)다. 서양식은 종종 코스 요리로 즐기고 한식도 퓨전 한정식집에서 코스로 접해보았지만 베트남 음식을 코스 요리로 즐길 수 있다고는 생각하지 못했다. 어쩐지 베트남 음식은 길거리 노점상에서 사 먹는 것이 가장 맛있을 거라는 생각에서였다. 〈두엉스 Duong's Restaurant〉의 메뉴판을 보자 그것이 얼마나 얕은 생각이며 틀에 박힌 생각이었는지 일순간 깨닫게 된다. 베트남 음식으로 에피타이저부터 콜드디쉬, 수프, 메인디쉬, 디저트로 구성된 코스요리를 먹을 수 있다.

코스요리의 웰컴디시는 고기와 채소를 도톰한 라이스페이퍼로 감싼 퍼쿠온, 알새우칩을 닮은 라이스칩, 양주잔에 담긴 수박 주스. 세 가지 모두 베트남 사람들이 평상시 즐겨 먹는 음식이다. 일상의 음식을 한 입 사이즈로 만들어 한 접시에 조화를 이루게 한 아이디어가 반짝인다. 이어서 나온 것은 에피타이저 스프링롤과 콜드디쉬인 바나나블라썸 닭가슴살 샐러드. 샐러드의 주재료가 생소했다. 채소가 아니고 꽃. 바나나 꽃이다. 우리에겐 낯선 식자재지만 베트남에서는 바나나 꽃을 활용한 요리를 많이 만든다.

다음 코스는 베트남 음식의 대명사 '퍼(쌀국수)'. 국수와 고명이 담긴 그릇을 먼저 서빙하고, 이어서 국물이 담긴 주전자를 가져와 눈앞에서 국물을 부어주는 '쇼맨십'을 선보인다.

메인은 분짜와 짜까라봉 중에 선택할 수 있다. 상대적으로 평소에 자주 접하지 못하는 짜까라봉을 시도했다. '짜까'는 숯불에 구운 생선을 의미하고, '라봉'은 강태공과 같이 낚시하는 노인을 일컫는 말이다. 즉 민물에서 잡아 올린 생선을 숯불에 구워 먹는 요리를 뜻하는, 하노이를 대표하는 요리 중 하나다. 먹는 방법은 다양하지만 〈두엉스 Duong's〉 에서는 생선을 여러 종류의 채소와 함께 라이스페이퍼에 말아서 먹는 방식으로 제공한다. 직원이 지글지글 생선이 구워지고 있는 철판을 가져와 '쌈 싸는' 시범을 보여준다.

디저트로는 발효시킨 자색 찹쌀을 코코넛 크림에 곁들인 메뉴가 나왔다. 베트남의 전통 디저트 '쩨(Che)'를 변형한 것이다. 보기엔 팥빙수와 비슷한데 맛은 전혀 다르다. 발효시킨 흑미를 씹으면 현미를 먹을 때처럼 껍질이 느껴지는데 내부가 말랑말랑해 껍질이 톡 하고 터지면서 액체와 함께 풍미가 쏟아져 나온다. 코코넛 크림은 고소함으로 디저트의 무게중심을 잡고 있었다. 포인트는 중간에 숨겨진 코코넛 아이스크림이다. 숟가락에 소랑 딸려온 차가운 아이스크림이 달콤한 맛으로 예상치 못한 경쾌함을 선물한다. 차가운 온도가 하나의 '맛'처럼 느껴질 수 있음에 감탄했다.

〈두엉스 Duong's Restaurant〉의 코스요리는 단순한 식사가 아니라 문화체험이다. 셰프를 직접 만나지 않아도 요리를 통해 말하고자 하는 메시지가 무엇인지 알 수 있었다. 베트남 음식의 본질을 극대화한 훌륭한 밥상이었다. 질 좋은 원재료를 사용하고, 각종 허브와 향신료를 어울리게 배치하고, 전통 식자재를 활용하는 방법에 대한 이해가 높은 요리. 베트남 음식을 제대로 경험할 수 있을 것이다.

Article #1 쌀국수

'베트남' 하면 가장 먼저 생각나는 것은? '먹방'이 대세인 까닭에 아마 많은 사람이 '쌀국수'를 떠올리지 않을까. 특히 먹거리가 여행의 어엿한 테마로 자리 잡은 요즘, 쌀국수는 그 자체로 베트남 여행의 목적이 되기도 한다. 베트남 쌀국수의 인기가 날로 높아지면서 국내에도 쌀국수 식당이 우후죽순 생겨나고 있다. 몇 년 전까지만 해도 이국적인 음식이었던 쌀국수는 이제 짜장면만큼이나 쉽게 접할 수 있는 일상 음식이 되었다.

고깃국물에 납작하고 얇은 쌀국수를 말아 후루룩 마시는, 간편하면서도 속 든든한 국수. 베트남 말로 '퍼'라고 부른다. 한국에도 〈pho〉로 시작하는 쌀국수 가게가 수두룩하니 이미 그 정도는 알고 있을 것이다. 하지만 여기에 반전이 하나 숨어있다. 우리가 즐겨 먹는 퍼(phở)가 쌀국수라고 해서 베트남 쌀국수가 전부 퍼(phở)인 것은 아니다. 간단히 말하자면 베트남에는 우리가 모르는 국수가 참 많다.

쌀국수부터 이야기하더라도 '퍼(phở)'가 있고 '분(Bún)'이 있다. '퍼'는 쌀가루를 물에 개어 넓게 펴서 익힌 후 잘라 만든 면, '분'은 소면처럼 얇고 동그란 모양의 쌀국수를 지칭한다. 또한 쌀국수 외에도 현지인들이 즐겨 먹는 국수가 여러 종류다. 대표적으로 밀가루에 달걀을 첨가해 얇게 만든 노란색 국수 '미(Mì)', 당면과 비슷한 '미엔(Miến)'이 있다. 면 종류만도 이렇게 다양한데 여기에 첨가하는 재료나 조리법이 가미되면 국수 요리의 다양성은 배로 증가한다.

우선 '퍼'와 함께 먹는 재료를 살펴보자. 우리가 즐겨 먹는 기본적인 쌀국수는 소고기 쌀국수. 즉 '퍼'에 베트남어로 소고기를 뜻하는 '보(bò)'를 합성하면 된다. 함께 읽으면 '퍼보'. 반면 면은 같은데 국물 재료와 고명이 닭고기인 닭 쌀국수는 '퍼가'. 닭을 뜻하는 '가(gà)'를 더한 것이다.

다음은 분짜를 생각해보자. 위에서 설명한 얇고 동그란 면발의 '분'을 '짜(chả)'(숯불에 구운 돼지고기와 완자)와 함께 먹는다는 뜻이다. '퍼'와 마찬가지로 곁들이는 재료에 따라 응용할 수 있다. '분'을 생선(cá)과 함께 먹는 음식은 '분카'가

된다. 달팽이(ốc)를 곁들이는 국수는 '분옥', 비빔 쌀국수의 대표 분보남보는, '분'을 소고기(보)와 함께 먹는 음식인데 '남보(nam bộ)' 즉 남부 지방에서 유래했다는 뜻이다. '전주비빔밥'처럼 지방색이 강한 '남부지방의 소고기 쌀국수'라고 할 수 있다. '분'과 두부(더우, đậu)를 새우젓(맘똠, mắm tôm)에 찍어 먹는 음식은 '분더우맘똠', 게(쿠아, cua)를 넣어 끓인 시큼한 국물(리에우, riêu)에 '분'을 말아 먹는 국수는 '분리에우쿠아'다.

이번에는 조리법을 넣은 단어를 살펴보자. 노란 밀가루면 미(Mì)를 볶아서(xào) 만든 국수를 '미싸오'라고 한다. 우리가 먹는 당면과 흡사한 베트남의 투명한 면 미엔(Miến)은 '미엔싸오'로 조리할 수 있으며, 섞었다(mix)는 뜻의 쫀(trộn)과 합성하여 미엔쫀(여러가지 재료를 당면과 섞은 요리)으로도 많이 먹는다. 복잡해 보이지만 국수와 재료, 조리법에 해당하는 단어 몇 개만 알면 금세 베트남 국수 이름에 익숙해질 것이다.

일상에서 흔히 볼 수 있는 국수만 꼽아도 이렇게 종류가 많은 이유는 국수가 베트남 사람들의 주식이기 때문이다. 정해져 있는 것은 아니지만 베트남 사람들은 주로 아침 식사로 국수를 선호한다. 출근 시간에 길거리에 나서면 길거리에 쭉 깔린 국수 노점상과, 노점상의 목욕탕 의자에 쭈그리고 앉아 국수 먹는 사람들을 볼 수 있다. 회사 가는 부모와 학교 가는 아이들까지 한 가족 전부가 함께 앉아 국수를 먹는 풍경도 심심치 않게 마주한다.

어느 날은 쌀국수집에서 이제 겨우 6개월에 접어든 아기에게 엄마가 쌀국수 먹이는 모습을 보았다. 퍼를 잘게 잘라서 숟가락으로 떠먹이니 아랫니 두 개 가진 아기가 입을 오물거리며 국수를 받아먹었다. 아기가 받아먹는 쌀국수는 아기를 성장시키는 물질적, 정서적 토대가 될 것이다. 아기의 부모도 쌀국수를 먹고 자라나 어른이 되었고 이 사회의 구성원이 되었으리라. 쌀국수는 베트남 사람을 베트남 사람으로 키워낸 에너지원이자 뿌리인 셈이다. 우리에게 쌀국수는 여행에서 몇 번 먹고 마는 이방의 음식이지만, 이들에겐 삶을 영속하게 만드는 일용할 양식이자 베트남인으로서 존재를 구성하는 관념이자 상징이 아닐까. 국수 한 그릇에 담긴 역사와 문화가 새삼 위대하게 느껴진다.

Chapter 02

호안끼엠 하부 (프랑스 지구)

호안끼엠 호수 하부 일대를 프랑스지구(French Quarter)라고 한다. 과거 프랑스 식민 지배 당시 하노이는 '프랑스인 구역', '베트남인 구역', '공동구역'으로 나뉘었는데 당시 프랑스인 구역으로 이용되던 지역 일대가 현재까지 프렌치쿼터로 불리고 있다. 명품 매장과 고급 음식점이 즐비한 오페라 하우스 근방은 프랑스 파리의 샹젤리제 거리를 연상시킨다. 식도락 여행의 관점에서 보자면, 고급 레스토랑이 밀집해 있는 럭셔리한 동네임과 동시에 오랜 전통으로 명성을 얻은 로컬 하노이 식당이 공존하는 매력적인 지역이다. 프랑스지구는 하루만 여행 해도 다양한 식문화를 체험할 수 있다. 아침엔 편한 여행객 차림으로 허름한 식당에 방문해 현지인들과 어울리고, 저녁엔 근사한 드레스와 수트를 차려입고 고급 레스토랑의 코스 요리를 경험하자. 출출한 오후에는 입보다 눈이 먼저 호강하는 에프터눈티세트를 찾아 달콤한 사치를 누려도 좋다. 하노이의 아름답고 우아한 면모를 만끽하러 프랑스지구로 떠나보자.

QR코드 리더기로 QR코드를 스캔하면 도서에 소개된 곳의 위치 정보를 확인할 수 있습니다.

쌀국수 한 그릇의 위로
퍼 틴 Phở Thìn

13 Lò Đúc, Ngô Thì Nhậm, Hai Bà Trưng, Hà Nội
+84 (0)4 3821 2709
05:30 - 21:00
beef pho, fried dough (quay)

비 오는 날, 우중충한 날씨 탓에 따뜻한 쌀국수 한 그릇이 생각난다면.

〈퍼 틴 Phở Thìn〉은 응유엔 쫑 틴(Nguyen Trong Thin) 사장이 자신의 이름을 걸고 세운 쌀국수집이다. 전쟁의 아픔이 가시지 않았던 1979년, 쌀국수집을 내고 싶었던 Thin씨는 기존의 하노이식 쌀국수에 뭔가 특별한 비법을 더하고 싶었다. 보통의 베트남 쌀국수는 소고기를 오래 끓여서 육수를 내는데 Thin은 획기적인 방식을 고안해냈다. 마늘과 기름에 고기를 먼저 볶고, 볶은 고기로 육수를 내는 것이다. 그리고 쌀국수에 흔히 넣는 향채 고수 대신 쪽파를 잘게 썰어 넣기로 했다. 그의 작은 실험은 혁신이 되었고 〈퍼 틴 Pho Thin〉은 하노이를 대표하는 쌀국수 명가가 되었다.

쌀국수를 주문하고 자리에 앉자마자 김이 모락모락 피어나는 국수 한 그릇이 나왔다. 맑은 국물에 가득 찬 초록빛 쪽파. 흔히 보는 쌀국수와 다른 모양새였다. 호기심에 국물을 한 모금 들이켰을 때 '크하!' 하는 탄성이 절로 나왔다. 뜨끈한 국물이 목 줄기를 타고 내려가 뱃속을 따뜻하게 데우자 마음마저 훈훈하게 데워졌다.

〈퍼 틴 Pho Thin〉의 쌀국수는 이제껏 먹어 본 적이 없는 낯선 쌀국수 맛이었다. 그러나 한편으로 매우 익숙한 맛이기도 했다. 그건 다름 아닌 한국의 '소고기뭇국'과 닮아 있었다. 응유엔 틴 사장이 개발한 마늘과 고기를 미리 볶는 조리법은 한국에서 국을 끓일 때 자주 사용하는 조리법이다. 거기에 단맛과 알싸함을 더해주는 파를 곁들였으니 영락없이 우리네 국과 마찬가지다. 고깃국물에 파를 송송 썰어 넣고 밥 한 그릇 말아먹는 고향의 맛. 따라서 〈Phở Thìn〉의 쌀국수는 한국인의 입맛에 최적화된 쌀국수라고 해도 과언이 아니다.

이 식당의 쌀국수를 먹다보면 밥 한 술 말아먹고 싶다는 생각이 간절해진다. '사장님, 공기밥 추가 좀 안될까요?' 하지만 안타깝게도 밥은 메뉴에 없다. 대신 베트남 사람들이 사랑하는 튀긴 꽈배기 '꿔이'를 판매하고 있다. 국물을 후루룩 음미한 뒤 고기를 더한 국수 한 젓가락을 꿀꺽, 꿔이를 쌀국수 국물에 푹 담구어 먹으면, 든든한 힘을 얻을 수 있을 것이다.

신기하게도 퍼 틴의 쌀국수를 먹을 때면 뜨끈한 국물과 함께 '위로'의 감정이 차오른다. 지친 몸과 마음을 이끌고 집에 너털너털 걸어 들어갈 때, 어머니가 '춥지?' 하며 내어준 소고기뭇국을 먹는 것 같은 기분. 그래서 나는 〈퍼 틴 Phở Thìn〉의 쌀국수를 '위로의 쌀국수'라 부르기로 했다.

오바마 대통령의 분짜
분짜 흥리엔 Bún Chả Hương Liên

24 Lê Văn Hưu, Phan Chu Trinh, Hai Bà Trưng, Hà Nội
024 3943 4106
08:00 - 20:30
Bun cha, nem, beer, soda

오바마 전 미국대통령이 다녀간 가게. 오바마는 하노이의 허름한 분짜 가게와 어떤 인연을 맺은 걸까?

2016년 5월, 오바마 미국 대통령은 3일간 베트남을 방문했고 같은 시기 CNN의 여행 프로그램 〈Parts Unkown〉의 진행자이자 셰프인 (故) 안쏘니 부르댕(Anthony Bourden)도 미식 기행을 계획한다. 방송은 오마바 대통령에게 출연을 요청해 오바마와 부르댕의 만남이 성사되었다. 두 사람이 저녁 식사를 하는 모습을 촬영하기로 했는데 베트남 음식 애호가로 알려진 안쏘니가 고른 식당이 바로 〈분짜 흥리엔 Bún Chả Hương Liên〉이었다. 두 사람은 분짜와 넴을 먹으며 하노이 맥주를 곁들였고, 식사 후 안쏘니가 어깨를 으쓱거리며 식대를 지급했다. 음식과 맥주 가격은 단돈 6달러였다.

대통령을 위해 특별히 신선하고 질 좋은 음식을 만들어 달라는 미국 정부의 요청에, 주인 응유엔 티 리엔 (Nguyen Thi Lien)은 이렇게 말했다. "그 점은 크게 염려하지 마라. 수십 년 동안 수백만 그릇의 분짜를 만들어 왔고 모든 음식에 가장 좋은 재료를 사용해 애정을 담아 조리해왔기 때문이다." 대통령이 와도 아니 대통령 할아버지가 와도, '늘 하던 대로' 하면 최고의 음식을 낼 수 있다는 자부심. 이것이〈분짜 흥리엔 Bún Chả Hương Liên〉이 일류가 된 진짜 비결이다.

최근 한국에 분짜가 많이 소개되었지만 혹시 모르는 사람을 위해 간단히 설명하자면, 쌀국수(Bun)를 불에 구운 고기(Cha)와 함께 먹는 음식을 말한다. 면발이 다른 '육쌈냉면'을 생각하면 얼추 비슷하다. 다만 한국의 냉면은 이미 물에 말아진 면이지만 분짜는 면과 고기와 육수가 따로 나와 국물에 '찍어 먹는' 음식이라는 차이가 있다.

분짜는 한국인 입맛에 매우 잘 맞는 음식이다. 소면처럼 얇은 쌀국수를 새콤달콤한 소스에 찍어 불맛 나는 갈비를 올려 먹는데 어찌 맛이 없을 수 있을까. 추가로 주문할 메뉴는 베트남 전통 해물 만두인 넴하이산(Nem hải sản). 분짜 육수를 소스 삼아 푹 찍어 먹어야 한다. 현지에서는 분짜와 넴을 늘 함께 먹기 때문에 'Bun Cha Nem' 이라는 간판을 쓰는 집이 많다. 〈분짜 흥리엔 Bún Chả Hương Liên〉에서는 아예 분짜와 넴, 맥주를 함께 묶어 '오바마 세트'라고 칭한다. 분짜 한 입, 넴 한 입, 맥주 한 모금을 들이킨다면 말 그대로 세상을 다 가진 기분을 만끽할 수 있을 것이다. 오바마 대통령도 부럽지 않다.

가게 2층에 올라가면 흥미로운 광경을 볼 수 있다. 오바마와 안쏘니가 식사했던 테이블이 박물관의 사료처럼 투명한 아크릴 상자 안에 보존되어 있다. 대부분 관광객은 이 광경을 보고 놀란다. 오바마 대통령의 방문이 이들에게는 정말 기념비적인 사건이었던 것이리라. 실내를 가득 메운 손님들 사이에서 머쓱하게 빛나고 있는 오바마의 식탁, 언젠가 오바마 대통령이 다시 하노이를 방문한다면 〈분짜 흥리엔 Bún Chả Hương Liên〉을 찾아 테이블에 씌워 놓은 가림막을 치우고, 그 자리에서 식사하며 지난날을 추억할 수 있기를 바란다.

귀족의 정원에서 우아한 한 끼
르 클럽 Le Club

Sofitel Legend Metropole Hotel, 15 Phố Ngô Quyền, French Quarter, Hoàn Kiếm, Hanoi
+84 (0)24 3826 6919
06:00 - 00:30
sandwich, pasta, steak, drink, cocktail, etc.

'소피텔 레전드 메트로폴'이라는 긴 이름을 가진 5성급 호텔 안에 숨겨진 고급 레스토랑. 소피텔 레전드 메트로폴 호텔은 1901년 프랑스 식민지 시절에 세워졌다. 100년이 넘는 역사와 전통을 자랑하는 하노이의 대표 랜드마크다.

메트로폴은 5성급 호텔의 명성에 걸맞게 프랑스 요리 전문 레스토랑, 베트남 전통 요리 레스토랑 등 총 6개의 레스토랑 및 카페 겸 바(Bar)를 운영하고 있다. 그중 낮에는 아름다운 풍경을, 저녁에는 라이브 연주를 들으며 식사와 술을 할 수 있는 매력적인 식당 르 클럽Le Club을 추천한다.

〈르 클럽〉에 가기 위해서는 호텔 로비를 지나 안 쪽으로 깊숙이 들어가야 한다. 정원으로 이어지는 뒷문을 열면 눈부신 정원이 펼쳐져진다. 반짝이는 햇살이 쏟아져 나무의 초록빛을 흐트러지는 그림 같은 풍경. 그 가운데 온실처럼 생긴 투명한 레스토랑이 있다. 아름다운 레스토랑에서는 식사가 나오기 전 경치를 감상하는 것만으로도 배가 부르다. 정원이 잘 보이는 자리에 앉아 창밖을 바라보니 만족스러운 에피타이저를 먹은 듯 오감이 채워진다.

식사 메뉴는 샌드위치, 스테이크, 파스타, 베트남 음식 등 종류가 다양했다. 카르보나라 펜네 파스타를 선택했는데 기대한 것 이상으로 훌륭했다. 적당히 삶아진 펜네 면을 짭 조름한 크림이 감싸 안았고, 족히 다섯 덩이가 넘어 보이는 베이컨이 잘게 다져져 감칠맛을 선사했다. 파르마산 치즈를 솔솔 뿌려 조심스레 입으로 가져갔더니 진한 크림에 치즈까지 얹어 고소한 향이 극대화되었다. 하얀 눈밭에 뿌려진 스프링클처럼 크림 사이사이에는 허브 잎과 올리브, 토마토 조각이 섞여 있는데 자칫 느끼할 수 있는 크림 파스타에 상큼한 맛을 주었다.

유리창으로 보이는 파란 하늘과 녹색 나무들이 식사 내내 말벗이 되어 준다. 그 모습을 물끄러미 바라보고 있으니 이 순간만큼은 레스토랑 직원들이 불러주는 호칭대로 '마담'이 된 기분이 들었다.
마치 지역의 귀족에게 초대를 받게 되어 가장 우아한 옷을 꺼내 입고 꽃내음 가득한 정원에서 생애 최고의 식사를 한 듯한, 고전소설의 한 장면 같은 아름다운 한 끼였다.

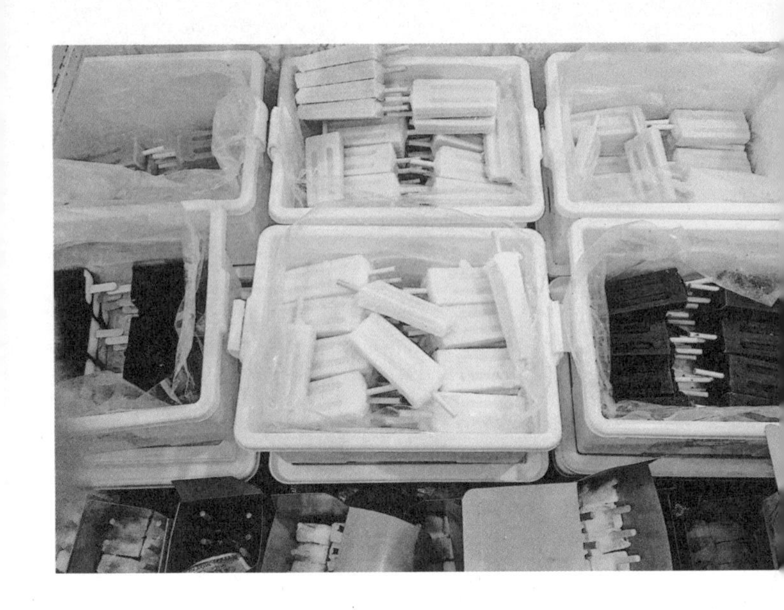

No1 아이스크림
껨 짱띠엔 Kem Tràng Tiền

35 Tràng Tiền, Hoàn Kiếm, Hà Nội
+84 (0)98 625 7979
08:00 - 21:00
Ice Cream

어린시절을 추억하게 만드는 총천연색 아이스크림.

어릴 적 운동회 날이면 어김없이 교문 앞에 찾아왔던 아이스크림 장수. 아저씨가 지고 온 작은 박스를 열면 설레는 마음만큼이나 하얀 김이 몽글몽글 솟아올랐고, 그 아래에는 총천연색의 아이스크림이 눈부시게 빛나고 있었다.

하노이에서 가장 역사가 깊은 아이스크림 가게 〈껨 짱띠엔 Kem Tràng Tiền〉은 추억 속 아이스크림을 다시 맛볼 수 있는 곳이다. 짱띠엔(Trang Tien) 거리는 고가품 쇼핑의 중심지인 짱띠엔 백화점과 서점이 모여 있는 거리로도 유명하지만 60년 전통을 자랑하는 짱띠엔아이스크림 가게가 시작된 곳이기도 하다. 주말에 짱띠엔 거리에 가면 말 그대로 남녀노소 국적 불문하고 아이스크림을 입에 물고 행복해하는 모습을 볼 수 있다.

〈낌 짱띠엔 Kem Tràng Tiền〉의 아이스크림은 크게 네 종류로 나눌 수 있다. '아이스케키' 라고 부르던 막대 아이스크림, 부드러운 아이스크림을 동글동글한 모양으로 퍼서 고깔 과자 위에 올린 콘 아이스크림, 소프트아이스크림, 찹쌀떡 아이스크림.

막대 아이스크림과 콘 아이스크림은 무척 다양한 맛으로 준비되어 있다. 현지인들과 관광객 모두에게 인기가 많은 것은 코코넛 아이스크림. 현지에서만 파는 독특한 맛을 시도하고 싶다면 '쌀' 맛을 권한다.

더운 날씨로 인해 아이스크림이 금세 녹아 줄줄 흘러내리겠지만 떨어질락 말락 한 아이스크림에 재빨리 혀를 가져다 대고 위기를 수습하는 것이 아이스크림 먹는 묘미가 아닐까. 〈껨 짱띠엔 Kem Tràng Tiền〉과 함께 잠시나마 어린 시절로 여행을 떠나보자.

베트남 음식의 대모
꽌안응온 Quán ăn ngon

8 Phan Bội Châu, Cửa Nam, Hoàn Kiếm, Hà Nội
+84 (0)90 212 69 63
06:30 - 21:45
Vietnamese traditional food, drink, etc.

한 번도 안 가본 사람은 있어도 한 번만 간 사람은 없다는, 명실상부한
베트남 으뜸 식당

베트남 음식을 두루 제공하는 〈꽌안응온 Qu8n ăn ngon〉은 온라인 여행 정보에는 물론이고 해외 기사, 하노이 여행 경험이 있는 지인의 추천 등 매체를 막론하고 많이 추천되는 식당이다. 대체 어떤 식당이기에 다들 입을 모아 칭찬하는 건지 궁금했었는데 다녀오고 나서 〈꽌안응온 Quán ăn ngon〉을 통해 베트남 음식 세계에 눈을 번쩍 뜨게 되었다.

식당 마당에는 큼지막한 테이블이 펼쳐져 있고 주변부에서는 요리사들이 부지런하게 음식을 만들고 있다. 벽마다 소쿠리가 걸려 있고 그 위에 메뉴가 쓰여 있다. 이게 '베트남의 색', '베트남의 분위기' 이겠거니 짐작이 되었다. 나중에 알게 된 사실은 식당을 처음 만들 때 고대 베트남 주거지를 테마로 인테리어를 했다는 것이다. 요리사들은 섹션별로 흩어져 각자가 맡은 요리에 집중하고 있었는데 '부스'에서 뿜어 나오는 열기가 잔칫집 같은 분위기를 준다.

〈Quán ăn ngon〉의 대표 메뉴는 뭐니 뭐니 해도 반쎄오(Bánh xèo)다. 반쎄오는 베트남 전통 부침개인데 강황을 넣어 노란 색을 띠는 바삭한 부침개에 숙주, 새우, 돼지고기를 넣어 만든다. 한국의 해물파전처럼 베트남 사람들이 일상에서 흔하게 먹는 음식이다. 보통 반쎄오는 프라이팬 크기로 만드는데 〈꽌안응온 Quán ăn ngon〉의 반쎄오는 아주 넓은 철판에 반죽을 올리고 크레페처럼 얇고 크게 부쳐낸다. 재 보진 않았지만 지름이 족히 30센티미터는 넘을 것이다. 새우, 숙주, 돼지고기를 품고 있는 노랗고 바삭한 부침을 적당히 잘라 라이스페이퍼에 넣고 돌돌 말아 새콤달콤한 소스를 찍어먹는다. 살아있는 식감과 풍미에 감탄을 금치 못한다.

해물볶음밥도 매우 훌륭하다. 탱글탱글한 새우와 오징어가 듬뿍 들어 있는 볶음밥에 베트남 간장을 찔끔 뿌려 먹으면 베트남 볶음밥이 왜 유명한지 단번에 이해할 수 있다. 그 외에 돼지고기 꼬치구이, 베트남식 볶음면, 동남아식 나물요리 등 무엇을 시켜도 실패하지 않는다. 망고 샐러드와 어린파파야샐러드도 일품이다. 음료로는 망고주스와 수박주스, 그리고 실제 코코넛에 담겨 나오는 코코넛 스무디를 추천한다. 맥주를 좋아한다면 생맥주가 최고의 반주가 될 것이다.

〈꽌안응온 Quán ăn ngon〉의 특별한 메뉴를 하나 더 추천하고 싶다. 베트남 전통 디저트인 '쩨(Chè)'다. 여러 상점에서 쩨를 사먹었지만 코코넛밀크에 알록달록한 젤리와 고구마무스가 담겨 나오는 〈Quán ăn ngon〉의 특제 쩨(Chè Sương Sa Hạt Lựu)만큼 맛있는 쩨는 본 적이 없다. 디저트에 불과하지만 이 식당을 주기적으로 찾는 이유이기도 하다. 하나만 덧붙이자면, 하노이에서 식사를 딱 한 번만 하는 상황이 아니라면 이 곳에서 만큼은 쌀국수와 분짜를 제외한 다른 베트남 음식을 시도하길 바란다. 맛이 없어서가 아니라 다른 메뉴들이 특별해서다. 볶음밥, 나물, 샐러드, 고기 요리 등의 베트남 일반 가정식을 맛보길 바란다.

2005년에 문을 열어 지금까지 성업 중인 〈Quán ăn ngon〉의 뜻은 재미있게도 '맛있게 먹는 집'이라는 뜻이다. 우리 식으로 말하자면 '맛 집'. 2018년 8월 현재 하노이에 세 개의 지점이 있는데, 판보이쩌우(Phan Bội Châu) 지점이 여행 분위기를 즐기기에 적합하다. 건물 안에 입점한 다른 두 지점과 달리 이 곳에는 동남아 특유의 촉감과 소리가 있다. 현지인과 외국인으로 문전성시를 이루는 판보이쩌우(Phan Bội Châu) 지점에서 왁자지껄한 야외 테이블에 앉아 베트남 전통 음식을 먹으면 후덥지근한 열기가 느껴지는데 이 때 차가운 맥주와 음료수로 더위를 식히면서 반쎄오를 돌돌 말아 먹는다면 행복감이 몰려올 것이다.

인생은 초콜릿상자
메종 마로우 하노이 Maison Marou Hanoi

91A Thợ Nhuộm, Trần Hưng Đạo, Hoàn Kiếm, Hà Nội
+84 (0)24 3717 3969
09:00 - 22:00 (Fri, Sat 09:00 - 23:00)
chocolate, chocolate drink, chocolate cake, etc.

"인생은 초콜릿 상자와도 같아. 무엇을 집게 될지 알 수 없으니까."
Life is like a box of chocolates. You never know what you are going to get.
영화 <포레스트 검프> 중에서

큼직한 쇼 윈도우 안으로 근사한 카페가 보인다. 파란 간판에 반듯한 폰트로 쓴 'Single Origin Vietnam'이 돋보인다. 베트남에서 생산되는 원두만 사용하는 커피전문점인가, 라고 무심코 생각하는 찰나. '잠깐만? SINGLE ORIGIN VIETNAM CHOCOLATE?' 커피가 아니고 초콜릿이라고? 초콜릿에도 싱글 오리진 제품이 있다는 사실에 놀라고 그 원산지가 다름 아닌 베트남이라는 것에 다시 한 번 놀란다.

〈메종 마로우 Maison Marou〉는 베트남에서 시작된 초콜릿 카페이자 초콜릿 회사로, 생산부터 가공까지 모두 베트남에서 이루어지는 'Bean to Bar' 공정을 표방하는 기업이다. 〈Marou〉의 모든 초콜릿은, 베트남에서 키워진 카카오를 농부에게서 직접 구매, 생산 노동에 대해 합당한 값을 지급하는 공정무역을 통해 만들어진다. 호찌민에서 시작된 Maison의 초콜릿은 2017년에 하노이에도 매장을 열었고 현재는 베트남을 대표하는 명물로 자리 잡은 후 전 세계로 뻗어 나가고 있다.

매장문을 열고 들어가면서부터 초콜릿 파라다이스가 시작된다. 전체 메뉴는 간단하다. 커피, 티, 그리고 카페의 심장이라고 할 수 있는 초콜릿 드링크와 초콜릿 디저트다.
초콜릿 속에 풍덩 빠지기로 하고 아이스초코의 일종인 시그니처 마로우(Signature Marou)와 초코 타르트를 주문했다. 타르트 파이 안에 진한 초콜릿 필링, 그 위에 살포시 올라간 다섯 덩이의 초콜릿 크림, 다시 그 위에는 초콜릿 브라우니 토핑, 그리고 마지막으로 초콜릿으로 만든 장식까지. 너무 예뻐서 감탄사가 절로 나왔다. 초콜릿 드링크는 꿀떡꿀떡 몇 모금 마시지도 않았는데 금세 동이 나고 말았다.

〈마로우 Marou〉의 재미요소 중 하나는 직접 초콜릿 디저트를 만드는 파티시에를 구경하는 일이다. 여러 명의 디저트 셰프가 투명 창 안에서 정성껏 디저트를 만드는 모습은 다른 곳에서 좀처럼 보기 힘든 귀한 장면이다.

〈메종 마로우 Maison Marou〉는 공정 무역 초콜릿으로 유명하지만 회사 창업에 얽힌 비하인드 스토리가 많다. 미국 광고계에서 성공 궤도를 달리고 있던 프랑스인 빈센트 마로우(Vincent Marou)는 어느 날 자신을 찾기 위해 베트남으로 떠난다. 베트남에서 만난 것은 자기 자신이 아니라 샘 마루타(Sam Maruta)라는 일본계 프랑스인이었다. 베트남이라는 낯선 나라에서 운명의 동업자를 만난 그들은 초콜릿으로 뜻을 모으게 되었고, 베트남의 카카오 농장을 일일이 찾아다니며 질 좋은 카카오를 물색하기 시작한다. 그리고 좋은 원료, 블렌더, 믹서기, 초콜릿 틀 이외에 어떤 것도 필요하지 않은 최고의 초콜릿 회사를 차리게 된다. 그것이 베트남의 자랑거리가 된 〈메종 마로우 Maison Marou〉다.

영화 포레스트검프에 '인생은 초콜릿 상자 같다'는 대사가 나온다. 유명한 영화 대사 중 가장 좋아하는 말이기도 하다. 상자에 손을 넣어 어떤 초콜릿을 집게 될지 알 수 없다는 비유가 인생에 적절하게 맞으면서도 무척 희망적으로 느껴지기 때문이다. 그 안에서 어떤 걸 집어도 결국 초콜릿일 테니까.

재즈로 물드는 밤
빈민 재즈클럽 Binh Minh Jazz Club

1 Tràng Tiền, Phan Chu Trinh, Hoàn Kiếm, Hà Nội
+84 (0)24 3933 6555
17:00 - 24:00 (live music 21:00)
side dishes, drink, etc.

매일 밤 9시, 짱띠엔 1번지에 감미로운 음악 선율이 울려 퍼지는 시각.

하노이에서 가장 유명한 재즈클럽으로 알려진 〈빈민 재즈클럽 Binh Minh Jazz Club〉에서는 밤마다 감미로운 선율의 음악이 흘러나온다. 청중들은 손에 술잔을 하나씩 쥐고 재즈의 세계로 여행을 떠난다. 어떤 이는 눈을 감고 음악을 느끼고, 어떤 이는 솔로 연주를 하는 색소폰 연주자를 감동어린 눈으로 응시하고, 또 다른 이들은 서로의 어깨에 기대 사랑을 속삭인다. 재즈를 즐기는 저마다의 방식이다.

〈빈민 재즈클럽 Binh Minh Jazz Club〉은 베트남 재즈의 선구자 큐엔 반 민(Quyen Van Minh)씨가 운영하는 라이브 클럽이다. Minh은 유명한 색소폰 연주자로 1990년대 초반부터 베트남에 재즈 문화 확산을 주도한 인물이다. 현재 하노이 국립 음악학교에서 재즈 이론을 가르치는 그가 라이브클럽을 꾸준히 운영하는 데는 남다른 포부가 밑바탕에 깔려 있다. 베트남 재즈 음악가들이 국제 수준으로 도약할 수 있게 후학 양성에 힘쓰는 것, 그리고 대중과 소통할 수 있는 장을 마련해 하노이 시민들에게 수준 높은 재즈를 선보이고 싶다는 게 그의 바람이다.

매일 밤 음악으로 채워지는 공간은 음악이 시작되기 전 특유의 분위기를 내뿜는다. 축축하고 퀴퀴한 적막감, 아마도 온갖 감정이 진득하게 묻어있는 음악이 들고 난 흔적이리라. 라이브 뮤직이 시작되면서 고독하던 공간이 에너지로 가득 차는 짜릿함을 온몸으로 느끼게 된다.

감자튀김을 안주 삼아 하노이 비어와 칵테일을 마시고 있노라면 손님들이 하나둘 늘어 클럽을 꽉 채운다. 서서히 밴드 멤버들이 도착하고 연주할 준비를 한다. 범상치 않은 외모의 노신사, 흰 머리 반 검은 머리 반, 은빛의 파마머리를 아래로 내려 묶은 민(Minh) 사장도 도착한다.
이윽고 밴드의 연주가 시작되고, 피아노가 먼저 경쾌한 멜로디로 분위기를 띄우면 드럼이 타닥타닥 장단을 맞춘다. 잠자코 때를 기다리던 색소폰이 뿌앙 빠라밤 빠람 하며 음악에 힘을 불어넣는다. 리듬에 맞춰 절로 고개가 까딱까딱 움직여지고 연주가 클라이맥스에 이르면 내 가슴도 터질 듯이 벅차오른다. 재즈는 단순한 여가가 아니라 축복이다.

가끔 운이 좋으면 민(Minh)씨의 색소폰 연주도 들을 수 있다. 처음 그의 음악을 듣게 된 날 첫 소절만 듣고도 온몸에 소름이 돋았다. 색소폰 소리가 너무도 특별했기 때문이다. 내가 알고 있는 색소폰의 소리보다 부드러우면서 힘이 있고, 깊은 음색이었다. 그가 연주한 곡은 재즈 스타일로 연주한 베트남 음악이었는데 처음 듣는 베트남 곡에 마치 가사라도 있는 것처럼 음악에 담긴 감정이 고스란히 마음에 와닿았다. 왜 음악을 언어라고 하는지, 재즈를 대화라고 하는지 몸소 깨닫게 되는 순간이었다.

하노이 여행을 조금 더 특별하게 빛내줄 추억거리를 찾는다면 〈빈민 재즈클럽 Binh Minh Jazz Club〉에 가보기를 추천한다. 평소 재즈를 좋아하는 사람은 물론이고 재즈 클럽에 가보지 않은 사람이라도 부담 없이 즐길 수 있는 곳이다. 재즈는 뮤지션의 색을 강하게 투영하는 음악 장르이기 때문에 〈빈민 재즈클럽 Binh Minh Jazz Club〉에서 음악을 느끼다 보면 자연스레 베트남 사람과 베트남 문화에 대한 이해도 늘어날 것이다. 입장료는 따로 없고 음료를 주문하는 것으로 대신한다. 공연 시간이 다가오면 음료 가격이 맥주 4천 원 선, 칵테일 7천 원 정도로 인상된다.

★

뻥 뚫려버린 마음을 채우다
라 바딩 La Badiane

10 Nam Ngư, Cửa Nam, Hoàn Kiếm, Hà Nội
+84 (0)24 3942 4509
Lunch 11:30 - 14:00, Diner 18:00 - 22:00 (Sunday OFF)
fusion French dishes, wine, etc.

사랑하는 사람과, 혹은 혼자서 기분 내고 싶은 날 방문할 만한 고급 레스토랑

프렌치쿼터의 한적한 골목에 자리 잡은 〈라 바딩 La Badiane〉은 하노이의 고급 레스토랑이다. 프랑스인 세 명이 2008년에 문을 연 뒤 벌써 십 년째 영업 중이다. 하얀 건물에 은색 간판, 명성보다는 소박하고 단순한 외경이다. 하지만 문 안으로 들어서면 비밀 통로가 펼쳐지는데 양옆과 천정까지 식물이 무성하게 얽혀 있어서 마치 거대한 식물원에 입장하는 듯하다. 길을 따라 몇 걸음 걸으면 의외의 모습을 보게 된다. 입구에서 주방을 볼 수 있게 설계해 놓은 것이다. 바쁘게 움직이는 주방 스태프들을 보면 얼른 음식을 맛보고 싶어진다.

내부는 블랙앤화이트 톤으로 꾸며져 있다. 체스판을 연상시키는 바닥, 흰 벽에 걸린 흑백 사진들, 검은색 조명으로 인해 깔끔함이 돋보인다. 테이블과 의자도 작고 단순하다. 실내 중간중간 놓인 초록의 식물이 유일하게 색을 품고 있다. 단순한 모노톤 인테리어로 나름의 매력을 뽐내고 있다.

〈라 바딩 La Badiane〉의 포인트는 음식에 있다. 정통 프렌치 요리에 베트남의 색채를 가미한 퓨전 프렌치를 표방하며, 코스 요리를 기본으로 한다. 점심 식사는 두 가지 메뉴가 나오는 코스와 세 가지 메뉴 코스 중에 선택할 수 있다. 저녁 식사는 네 가지 메뉴가 포함된 비스트로 코스와 여섯 가지 메뉴로 구성된 데구스타숑 코스로 나뉜다. 점심은 2만 원 정도로 저렴하나 저녁 메뉴는 5만 원에서 9만 원 선으로 가격대가 높다.

Lunch's special

'미각'을 뜻하는 불어 데구스타숑(degustation)을 이름으로 딴 최고급 코스는 아뮤즈부쉬, 두 개의 스타터, 메인, 치즈, 디저트로 구성되어 있다. 첫 번째 코스인 아뮤즈부쉬는 홍합과 새우를 갈아서 만든 수프였다.
스타터는 두 가지가 나온다. 훈제 연어 위에 올린 수란과 푸아그라 테린. 수란 요리는 몇 해 전부터 브런치 메뉴로 흔해져서 집에서도 해 먹을 만큼 익숙하였지만 푸아그라는 여전히 낯선 감이 있는 요리다. 〈라 바딩 La Badiane〉의 푸아그라는 화려한 플레이팅으로 빛나고 있었고 접시를 받는 순간 눈이 휘둥그레졌다. 맛도 환상적이었다. 오렌지와 바나나로 맛을 낸 새콤달콤한 소스가 담백하고 고소한 푸아그라를 만나 조화를 자랑했다. 피스타치오와 카카오 플레이크들은 자칫 느끼할 수 있는 푸아그라에 단단한 식감과 뾰족한 맛을 첨가했다. 일등 공신은 단 한 개 올라가 있는 고수 이파리 하나. 아주 간단한 '베트남식 터치'가 푸아그라 요리에 새로운 풍미를 두 배 세 배나 더했다.

대망의 메인 요리는 샤프론 소스를 끼얹은 관자였다. 역시 찬사를 받을만한 플레이팅이다. 샤프란 꽃으로 노란 색을 내고, 과일로 분홍색 크림을 만들어 알록달록하게 교차시켰다. 먹지 않고 감상만 해도 좋을 정도다. 이어서 나온 염소치즈와 디저트까지 여섯 코스를 오감으로 음미할 수 있다.

총천연색의 물감이 제 색을 발현하는 팔레트처럼 각기 다른 종류의 음식 재료들이 미각을 감탄시켰고, 감각적으로 음식을 즐기게 해주어 온몸이 에너지로 충만해진다. 이런 음식과 함께하면 혼자 있어도 전혀 외롭지 않을 것이다. 음식은 배만 채우는 게 아니라 친밀한 사람의 빈자리를 채우고, 집에 대한 향수를 채우고, 쓸쓸함을 채운다. 때로는 뻥 뚫려버린 '나'를 채우기도 한다.

채식도 근사할 수 있다
유담차이 Ưu Đàm Chay

34 Hàng Bài, Hoàn Kiếm, Hà Nội
+84 (0)98 134 98 98
07:30 - 22:00 (Fri, Sat, Sun 07:30 - 22:30)
vegan soup, salad, noodle, rice, drink, etc.

채식주의자 뿐만 아니라 평소 일반식을 하는 사람들에게도 추천하고
싶은 근사한 채식 레스토랑

가게 이름의 차이(Chay)는 채소를 뜻하는 베트남어, 유담(Ưu Đàm)은 산크리스트어 '우담바라'에서 왔다. 우담바라는 불교 경전에 등장하는 상상속의 꽃으로 3천 년 만에 한 번 피는 드물고 귀한 꽃이다. 이 꽃이 가진 기운을 손님들에게 전하고 싶은 마음으로 작명한 것이며, 방문하는 손님들이 마음의 평화를 누릴 수 있도록 건강한 밥상을 제공하는 것이 채식당 〈유담차이 Ưu Đàm Chay〉가 추구하는 바다.

〈유담차이 Ưu Đàm Chay〉의 첫 인상은 불교 국가의 왕궁 같았다. 정무를 보는 구역이나 침소는 아니고 손님들 맞이하는 접견실이나 연회장 정도의 느낌이랄까. 길가에 우뚝 선 철제 구조물을 마주할 때부터 예사로운 식당이 아니라는 것을 직감했다. 부처상과 연꽃잎 등 불교를 상징하는 조형물이 식당 곳곳에 있어 사원에 들어온 듯 마음을 경건하게 만든다. 식당에 깊숙이 들어갈수록 갤러리처럼 볼거리가 많고 종교적인 색채를 띠는 인테리어로 통일감을 주었다.

메뉴는 매우 다양하다. 서양식 스프나 샐러드, 동남아식 볶음밥과 국수 등 채소로 만든 다양한 음식이 제공된다. 음료 또한 식당에서 자체적으로 개발한 건강주스를 선보이고 있다.
메뉴판에 베트남의 서민 음식 '분더우맘톰(Bún đ ậu Mắm tôm)'의 채식버전 쌀국수가 있어 반가운 마음에 주문했다. 분더우맘톰은 국물 없는 쌀국수 면발을 튀긴 두부, 돼지 부속고기, 채소 등과 함께 향이 강한 베트남 새우젓에 찍어먹는 음식이다. 〈유담차이〉의 '분더우맘톰'은 돼지고기 대신 버섯구이와 두부 튀김 등으로 토핑이 되어 있었다. 신선한 향채와 채소, 스타프루트, 파인애플, 어린 바나나 등의 과일이 듬뿍 올라가 있다. 찍어먹는 소스는 새우젓 대신 간장콩을 발효해 만든 베트남 북부 지방의 전통 발효간장이 제공되는데 맛이 우리나라 된장과 비슷했다. 된장에 고추와 마늘을 갈아 넣고 오일을 첨가한 맛. 구수한 간장의 향이 나는 소스였다.

분더우맘톰은 풀어헤쳐서 먹는 국수가 아니라 입으로 잘라 먹는 국수이기 때문에 소스에 찍어 떡처럼 베어 물어야 한다. 짭짤하면서 깊은 맛이 우러나는 소스 덕분에 감칠맛이 돈다. 노란 빵가루로 코팅되어 바삭하게 튀겨진 두부 튀김은 감격 그 자체였다. 일반 두부가 아니라 연두부를 튀긴 요리로, 베어 무는 순간 두부가 아니라 치즈인 줄 착각할 만큼 부드럽고 담백하면서 은근한 탄성이 있었다. 꽈배기처럼 생긴 쫀득쫀득한 튀김은 두부와 밀가루를 섞어 튀겨낸 것이라고 한다. 고기가 없어도 맛과 식감에 하등 부족함이 없었다.

스타프루트는 새콤한 맛을 선사하고, 어린 바나나는 약간 떫지만 아삭한 식감이 매력적이었다. 파인애플은 달콤함을 담당했다. 한 접시 안에 씹는 맛, 달콤한 맛, 톡 쏘는 신 맛까지 고루 갖춘 완벽한 조합이었다. 한 번씩 돌아가며 먹은 후 오이로 개운하게 입가심을 하면 다시 한 바퀴 돌 준비 완료. 놀랍게도 이 매력적인 국수의 가격은 단돈 4천 원이다.

나 자신을 사랑하는 방법
라 페 베르트 바 La Fée Verte Bar

Hotel De L'opera, 29 Tràng Tiền, Hoàn Kiếm, Hà Nội
+84 (0)24 6282 5555
07:00 - 01:00 (afternoon tea time 13:00 - 17:00)
afternoon tea set, dessert, coffee, etc.

"인생에서 에프터눈 티타임을 즐기는 것 보다 기분 좋은 시간은 거의 찾아보기 힘들다."
- 소설가 헨리제임스 -

과거 영국 상류사회의 사교 문화와 생활의 여유를 상징했던 '애프터눈 티타임'은 형태와 의미를 조금씩 달리하면서 현재까지 지속되고 있다. 지금은 영국의 모든 사람이 즐기는 오후의 티타임으로 일상화 되었으며, 전 세계적으로도 '에프터눈 티타임' 자체가 하나의 콘셉트로 자리 잡아 국적을 불문하고 큰 인기를 누리고 있다. 일반적으로 각국의 일류 호텔에서 영국 상류사회의 전통 방식을 계승해 화려한 플레이팅과 질 좋은 차를 선보이는 추세다.

베트남은 영국보다는 프랑스와 관계가 깊은 나라이기 때문에 전통적인 에프터눈티 강국은 아니지만, 그럼에도 에프터눈티를 즐겨볼 만한 요건을 가지고 있다. 바로 물가가 싸다는 것이다. 눈으로 보기만 해도 행복해지는 고급 에프터눈티를 처음 시도하는 거라면 가격 부담이 덜한 하노이에서 도전해 보는 게 어떨까.

하노이에서 에프터눈티를 찾고자 한다면 재차 물을 것도 없이 짱띠엔(Trang Tien) 근처를 물색해야 한다. 작은 프랑스라고 불리는 짱띠엔 근처에는 5성급 호텔이 모여 있어서 에프터눈 티세트를 제공하는 카페를 쉽게 접할 수 있다. 그 중 내가 좋아하는 곳은 호텔 드 오페라 하노이(Hotel De L'opera Hanoi)에 있는 〈라 페 베르떼 바 La Fée Verte Bar〉다. 분위기와 서비스, 메뉴 구성, 차의 퀄리티, 디저트의 맛이 두루 만족스럽다.

〈라 페 베르떼 바〉는 월별 혹은 분기별로 테마를 달리하여 에프터눈 티세트를 제공하고 있다. 웨이터가 준 정보에 따르면, 특정 테마가 없는 시기에는 베트남을 주제로 한 에프터눈 티세트가 준비된다고 한다. 스콘, 샌드위치 등의 기본적인 메뉴에 그린파파야샐러드, 피넛케이크 등 베트남 특색을 살린 디저트가 더해진다고 하니 베트남 여행 기분을 만끽하고 싶다면 베트남 스페셜 에프터눈 티세트를 시도해도 좋겠다. 내가 주문했던 프랑스 테마는 2인 세트에 21,000원(부가세 별도)인 반면, 기본 메뉴인 베트남 스페셜은 15,000원(부가세 별도) 정도로 더 저렴하다.

에프터눈 티세트는 보통 2인용으로 제공되기 때문에 두 사람 이상이 함께 방문하는 것이 일반적이다. 하지만 혼자 에프터눈티를 마시는 것은 특별하고도 행복한 경험이다. 아름다운 티세트를 테이블에 두고 좋아하는 책과 신문을 읽으면서 오후를 보내면, 마치 내가 영국의 중후한 노신사 혹은 에프터눈티의 창시자인 공작부인 안나(Anna)가 된 것 같은 기분이 든다. 하루 중 가장 늘어지기 쉬운 시간에 에프터눈 티타임을 자신에게 선물하는 것이야말로 영국의 티타임 문화를 제대로 즐기는 것이 아닐까. 혼자 마시는 에프터눈티에는 진정한 휴식이 담겨 있다.

카페, 하면 제일 먼저 떠오르는 도시가 어딜까. 십중팔구는 프랑스 파리나 유럽의 어느 지역, 혹자는 스타벅스의 발상지 미국 시애틀을 떠올릴지도 모르겠다. 하지만 프랑스와 미국에 견주어도 부족함이 없을 만큼 카페 문화가 발달한 나라가 바로 베트남이다. 하노이나 호찌민을 여행해 본 사람들은 알 것이다. 베트남 길거리에서 가장 흔하게 볼 수 있는 가게가 카페라는 사실을. 파리지앵이 테라스에서 커피를 마시듯 베트남인도 가게 앞에 의자를 내어 놓고 길가를 조망하며 커피를 마신다. 차이가 있다면 베트남 카페에선 난쟁이 목욕탕 의자를 사용한다는 것이다.

베트남은 커피와 아주 깊은 인연을 맺고 있다. 우선 베트남이 세계 2위의 커피 생산국이라는 것부터 이야기 해보자. 19세기 프랑스 선교사들에 의해 소개된 이래 커피는 베트남의 주요 농작물 중 하나로 자리 잡았다. 베트남 커피는 한국의 벼 생산면적에 근접할 정도로 대규모 플랜테이션으로 재배되고 있다. 주로 중남부 달랏 지방을 중심으로 넓게 펼쳐진 고산지대에서 경작되는데 해발 1,500m 이상에서 자란 커피인 까닭에 '하이랜드 커피'라는 별칭이 붙기도 한다.

베트남에서 재배하는 대부분의 원두는 로부스타종으로, 한국 카페에서 주로 이용하는 아라비카 종과는 커피 열매가 다르다. 로부스타는 맛이 강하고 세서 인스턴트커피의 재료로 사용되는 경우가 많다. 이런 까닭에 한국에서는 아라비카 종이 로부스타 종보다 우월한 품종이라고 알려져 있지만 사실 두 품종 간 차이가 있을 뿐 우열을 매기기는 어려운 측면이 있다. 그도 그럴 것이 현지 카페에서 파는 커피들은 주로 로부스타 원두로 만들어졌지만 한 번 맛보면 잊지 못할 정도로 빼어난 맛을 자랑한다. 베트남 커피를 좋아하는 사람들은 베트남 원두의 맛이 다크 초콜릿을 먹는 느낌과 비슷하다고 말한다.

한편 베트남 커피의 '레시피'가 세계화된 사례도 있다. 한국 STATRBUCKS의 '돌체라테', COFFEE BEAN의 '카페수아'라는 메뉴를 보자. 두 커피의 공통점은 뭘까? '연유'가 들어간다는 점이다. 에스프레소에 연유를 첨가한 돌체라테와 카페수아는 사실 베트남을 대표하는 커피인 '카페쓰어다'를 벤치마킹한 제품이다. 프랜차이즈 커피 전문점에서 메뉴화를 시킬 정도니 베트남커피의 위력을 짐작할 수 있을 것이다. 베트남에서 연유 커피가 만들어진 것은 과거 우유를 구하기 어렵던 시절 우유 대신 연유를 사용하면서부터라고 한다. 더운 날씨 탓에 얼음을 넣은 커피를 즐기게 됐고, 이것이 문자 그대로 카페(커피) 쓰어(연유, 우유), 다(차가운), 즉 차갑게 만든 연유 커피 "카페 쓰어다"가 되었다.

베트남 커피를 마실 때 또 하나 유심히 볼 것은 베트남 전통의 커피드립기 '핀'이다. 우리가 일상에서 자주 보는 핸드드립기는 일본에서 발명했다고 알려진 기구로, 전 세계에 보급되어 현재까지 보편적으로 사용되고 있다. 하지만 베트남 사람들은 핸드드립기 대신 스테인리스로 만들어진 앙증맞은 기구를 사용해 커피를 내린다. 원두도 다르거니와 추출 기구가 전혀 다르니 베트남 커피는 한국, 일본, 서구 사회에서 마시는 커피와 다른 독특한 맛을 내는 것이 당연할 터. 여행객들을 위해 직접 커피를 내려 마실 수 있게 핀을 제공하는 카페가 더러 있으니, 커피에 관심이 많은 사람이라면 경험해 보길 추천한다.

Chapter 03

서호
(West Lake)

서쪽에 있는 호수라 하여 '서호'라는 이름을 가진 호떠이(Tay Ho, west lake)는 면적 53km², 둘레 17km에 달하는 넓은 호수다. 호안끼엠 호수와 더불어 하노이를 대표하는 지역이며, 호수 둘레를 따라 활발한 상권 및 생활권이 형성되어 있다. 서호 일대는 하노이에 거주하는 서양인들의 주거 중심지로 사용되는 까닭에 다른 지역과 구분되는 독특한 특색을 보인다. 동네 곳곳에서 서양 문화가 깊게 뿌리내린 흔적을 발견할 수 있다. 한편 오랫동안 지역을 지켜온 현지인들의 토착 생활양식 또한 공존하고 있어서, 동서양의 문화가 한데 어울리는 문화 융합의 장(場)으로 기능한다. 따라서 서호는 로컬과 글로벌의 조화, 즉 글로컬(glocal) 문화를 경험할 수 있는 최고의 여행지다. 세련된 카페와 서양식 레스토랑 사이사이에 2,000원대 현지 국숫집과 수십 년 된 로컬 카페가 더불어 존재하는 곳이다. 골목골목 꿈을 조각하는 예술가들의 공방과 인테리어숍이 숨어 있는 보물 같은 곳이기도 하다. 호안끼엠과 구시가지를 벗어나 색다른 경험을 하고 싶다면 서호를 방문해보자. 하노이가 가진 천의 얼굴을 만나게 될 것이다.

QR코드 리더기로 QR코드를 스캔하면 도서에 소개된 곳의 위치 정보를 확인할 수 있습니다.

소인국의 외딴 섬에 떨어진 것처럼
쥬이찌 카페 Cafe Duy Trí

43A Yên Phụ, Tây Hồ, Hà Nội
+84 (0)24 3829 1386
07:00 - 22:30
coffee, yogurt, etc.

옌푸 거리의 터줏대감. 남다른 전통을 자랑하는 유서 깊은 카페.

베트남의 전형적인 소형 가게들처럼 〈쥬이찌 카페 Cafe Duy Trí〉의 출입구도 소박한 모양새를 하고 있다. 주소를 알고 찾아가도 찾기 어려울 수 있으니 유심히 살펴야 한다. 카페 내부가 어두워서 들어갈 마음이 생기지 않을 수도 있지만 한 번이라도 이곳을 경험한다면 세상에 하나뿐인 매력에 빠져 이곳의 분위기를 그리워하게 될 것이다.

어둡고 좁은 실내에 수십 년 전 초등학교에서 사용했을 작은 책걸상이 몇 개 놓여 있다. 마치 소인국에 불시착한 것 같은 느낌이 들었다.
카페는 좁은 대신 위로 층층이다. 다락방에 오르는 마음으로 좁은 계단을 따라 2층으로 올라가자 1층에서 본 것보다 더 귀여운 책걸상들이 손님을 기다리고 있었다. 낮은 천정도 소인국 인테리어를 한 몫 거든다. 작은 공간에 또 뭐가 있을까 싶지만 언제나 하노이는 '무엇을 상상하든 그 이상'을 선물하는 도시. 위태로운 계단을 타고 한 층을 더 오르니 동화책 속에서 봤을 법한 앙증맞은 테라스가 빛을 발하고 있었다.

카페를 소개해 준 베트남항공사 스튜어디스는 반드시 먹어야 하는 메뉴로 '요거트'를 추천했다. 메뉴판에는 이색적인 요거트가 많이 있었다. 커피 요거트, 아보카도 요거트, 망고 요거트 등 베트남의 특성을 살린 메뉴도 많이 포함되어 있다. 그 중에서 가장 눈에 띄는 것은 쌀 요거트(Rice Yogurt)다. 검은 쌀을 넣어 만든 흑미요거트(Violet rice yogurt), 노란빛 쌀을 넣어 만든 현미요거트(yellow rice yogurt).

긴 유리컵에 담겨 나온 요거트는 단순하고 먹음직스러운 모양새였다. 아이스크림과 요거트의 중간 쯤 되는 식감이 묘미다. 하단에는 쌀이 깔려 있다. 베트남 전통 방식으로 발효 처리를 한 쌀이다. 일반적인 밥 보다는 훨씬 질척하고 끈끈하면서 달콤하다. 술떡에서 나는 발효 향이 요거트에 가미되어 독특하다. 그 맛에 홀딱 반한 나는 쌀 요거트 두 개로도 부족해 아보카도 요거트를 추가 주문한 뒤, 다음 방문 때 먹을 요거트까지 마음속에 저장 하고 나서야 카페를 떠날 수 있었다.

〈쥬이찌 Duy Trí〉의 역사는 1936년으로 거슬러 올라간다. 현재 하노이에서 운영 중인 카페 중 오랜 역사를 가진 곳에 속한다. 현재 카페 주인인 노부부는 카페의 2대 사장이다. 당시에는 주인 할머니의 부모님이 다른 거리에서 카페를 운영했는데 부모님이 연로해지면서 할머니 부부가 카페를 물려받았다고 한다. 2,000년에 현재의 옌푸(Yên Phụ) 거리로 이사하면서 지금의 주인 할아버지 이름을 따 카페 이름을 〈쥬이찌 Duy Trí〉로 바꾸었다. 세월이 흘러 2대 사장 부부도 어느새 노인이 되었다. 운영방침과 철학을 그대로 전수해 전통을 잇기 위하여 요즘은 자녀들도 함께 카페를 돌보고 있다. 카페 곳곳에 전시된 과거 사진과 빼곡히 쌓인 수상 패가 역사를 가늠케 한다.

베트남 친구의 통역 도움을 받아 할머니와 카페 역사를 이야기 하던 날, 따사롭게 쏟아지는 초여름의 햇살이 할머니의 얼굴을 비췄다. 세월의 흐름을 겸허히 받아들인 주름, 깊은 눈매, 그리고 그 안에서 맑고 선한 눈빛이 반짝이고 있었다.

건강한 몸에 건강한 정신이 깃든다
메종 드 뗏 데코 Maison de Tet Decor

Villa 156 Tu Hoa, Nghi Tam, Hà Nội
+84 (0)96 661 13 83
07:00 – 22:00
healthy meal, coffee, detox juice, etc.

호숫가에 노란 담벼락을 두른 빌라가 한 채 있다. 담장을 따라 촘촘히 솟아오른 여름 푸성귀, 그 사이로 얼굴을 내밀고 해를 바라보는 샛노란 꽃송이에 시선이 머무른다. 어느 노년 부부가 은퇴 후 담백한 삶을 꾸려가기 위해 마련한 전원주택의 느낌이다.

마당에 들어서자 진하고 고소한 커피 향이 풍겨왔다. 시골 방앗간에 잘 어울릴 것 같은 커다란 커피 로스팅 기계가 한 쪽 벽면을 차지하고 있다. 커피 원두를 직접 로스팅하는 카페였다. 보통의 카페에서는 로스팅이 완료된 원두를 납품받는 게 일반적이기 때문에 이곳처럼 생두 로스팅부터 직접 하는 카페를 발견하는 것은 귀한 일이다.

빌라 안에 직원이 있음에도 새로 온 손님에게 특별히 눈길을 주지는 않는다. 직원과 눈이 마주쳤지만 한 마디 말도 없이 그저 덤덤한 미소를 지을 뿐이다. 무관심 덕분에 내 속도에 맞춰 천천히 가게를 탐색할 수 있었다. 가게 안에 듬성듬성 놓인 앤티크 가구들이 보인다. 무심하게 그 자리에 내버려 둔 것처럼 보일지 모르나 실은 주인이 가구 하나하나에 애정을 쏟아 관리하고 있다는 게 느껴졌다. 코끼리 조각이나 제사 용품 같은 섬세한 수공예 소품도 군데군데 놓여 있다.

타박타박. 계단을 오르는 발소리가 건조한 공기에 울려 퍼진다. 빛과 어둠이 절묘하게 교차하여 어떤 곳은 밝고 어떤 곳은 어둡게 2층 실내에 명암을 부여하고 있다. 창문에는 얽기 설기 그물 커튼이 걸려 있고, 나무로 만들어진 자연 친화적 가구가 손님을 맞는다.

콜드브루 커피를 주문했는데 장인이 만든 것 같은 투박한 나무 쟁반에 까만 커피와 새하얀 우유, 얼음잔과 시럽이 정갈하게 놓여서 배달되었다. 오랜 시간 공을 들여 추출한 콜드브루 커피에서는 쌉쌀한 맛과 더불어 기분 좋은 산미가 느껴졌고, 몇 모금만으로도 입안을 경쾌하게 자극했다.

〈메종 드 뗏 데코 Maison de Tet Decor〉는 식음료의 맛뿐만 아니라 건전한 경영철학도 잘 알려진 곳이다. 카페의 설립자이자 사회적 기업가인 호주인 피트(Pete)는 소외계층과 소수민족, 부족 집단을 지원하는 데 관심이 많다. 카페에 개성이 드러나는 소품이 많은 것이 그 때문이다. 차(tea)와 꿀 등의 식자재를 베트남 북부 산악지대 농부에게서 공수하는 등 지역사회와의 긴밀한 협력을 추구한다. 더불어 하노이에 거주하는 예술가들에게 모임 공간을 제공하며 연대를 돕는다.

〈Maison de Tet Decor〉의 운영 원칙은 크게 세 가지다. 첫 번째로 양질의 커피를 제공하는 것, 두 번째는 유기농 음료를 고수하는 것, 세 번 째는 건강에 이로운 음식을 만드는 것이다. 음식에 사용하는 채소는 하노이 외곽에 있는 유기농 농장에서 직접 재배할 정도로 친환경적 식자재 사용에 앞장서고 있다. 하노이에서가 아니라 세계적으로 견주어도 내로라할만한 '건강' 카페가 아닐까.

유럽의 작은 마을에 이모가 산다면
에씨 티룸 앤 비스트로 ESSIE Tearoom & Bistro

86 Tô Ngọc Vân, Quảng An, Tây Hồ, Hà Nội
+84 (0)96-926-8786
07:00 - 22:00
brunch, coffee, drink, etc.

가을에 핀 코스모스처럼 은근한 매력을 가진 카페. 혼자 브런치를 즐기기에 이만큼 마음 편한 장소는 없다.

서호 외곽을 달리는 넓은 도로 오코(Au Co)에서 호숫가 가까이 들어서면 개성 있는 상점이 옹기종기 모인 토응옥반(To Ngoc Van) 골목이 나온다. 아기자기한 카페와 음식점이 많아 찾는 사람이 많은 곳이다.

언뜻 보기에 아담한 가정집처럼 보이는 벽돌 담장의 한 가운데 작은 간판이 걸려 있다. 정원에는 대여섯 명의 친구가 모여 이야기를 나눌만한 테이블이 놓여 있다. 큼지막한 나무들이 이국적인 풍경을 만들어 낸다. 가게 안에는 포근하면서도 다정한 분위기가 풍긴다. 은은한 벽 조명, 프랑스 앤티크 풍의 우아한 가구와 원목 찬장이 이곳을 '가게'보다는 '집'으로 보이게 한다. 고급스러운 취향을 가진 여주인이 꾸며놓은 저택. 계단을 오르면 최소 몇 년을 모았을 법한 예쁜 커피잔들이 진열되어 있다.

한 방 너머 한 방, 새로운 방이 또 나오고 주렁주렁한 샹들리에가 맞이한다. 방 한쪽에는 아침을 반기는 나팔꽃처럼 화사한 테라스가 마련되어 있다. 사랑스러운 공간 구성이다.

다양한 음료와 간단한 식사가 준비되어 있다. 코코넛 크림을 얼려 스무디로 먹는 코코넛 커피와 베트남 전통 커피가 유명하다. 가게의 시그니처 메뉴인 향긋한 Tea도 일품이다. 레몬 케이크 등 음료에 곁들여 먹을만한 디저트도 준비되어 있다. 끼니때라면 음식 메뉴를 주문해도 좋다.

시끌벅적한 도심을 뒤로하고 조용하게 차 한잔하고 싶은 날, 특히 혼자 있고 싶은 날에 찾고 싶은 곳이다. 〈에시 ESSIE〉에 들어선 순간 스트레스와 소음이 닿지 않는 공간으로 순간이동을 한 것처럼 마음이 편해진다. 손때가 묻은 가구와 찻잔을 보노라면 오랜 친구가 건네는 다정다감한 안부가 느껴지는 듯하다.

시끌벅적한 여행에 잠깐 거리를 두고 혼자서 여유로운 하루를 보내고 싶다면 이모네 집에 놀러 온 듯 편안한 마음으로 쉴 수 있는 〈에시 ESSIE〉를 방문하길 바란다. '소소하지만 확실한 행복'을 얻어 갈 수 있을 것이다.

호수와 수제 버거
찹스 Chops

4 Quảng An, Hà Nội (외 1개 지점)
+84 (0)24 6292 1044
08:00 - 24:00
burger, french fries, drink, etc.

호숫가를 따라 이어지는 꽝안(Quang An)길 초입에 자리 잡은 수제버거 식당

유명한 식당이라 줄곧 붐비지만 오후 두 시 쯤 가게를 찾으면 손님이 많지 않다. 만약 자리 선택권이 생긴다면 고민할 것도 없이 호수가 보이는 자리에 앉는 것이 좋다. 혼자 온 사람에게 특화된 자리. 창밖을 바라볼 수 있는 바 테이블이 마련되어 있다.

대표 메뉴인 찹스(Chops) 버거로 햄버거 패티 위에는 수북하게 튀김이 쌓인다. 양파를 실처럼 얇게 잘라 튀긴 것이다. 요즘 유행하는 '히피펌'을 닮은 꼬불꼬불 튀김덕분에 햄버거 번이 올라갈 자리가 마땅치 않다. 모자를 벗은 꼬마처럼 윗 번이 버거 옆에 따로 놓인 모습이 귀여워 보인다. 버거 먹기가 쉽지는 않다. 튀김을 자르면 사방으로 튀면서 부스러지기 때문에 한쪽으로 살포시 치워둔 후에 도톰한 패티, 채소, 아래 깔린 번까지 잘라서 한 입에 쏙 넣었다. 버거를 씹기 전에 재빨리 튀김까지 마저 입에 골인시켜야한다. 함께 먹도록 설계된 요리는 의도에 맞게 먹어주는 것이 음식을 만든 이에 대한 예의니까. 고기 맛은 담백하고 채소는 아삭하고 마요네즈는 고소하다. 마지막에 급히 입에 넣은 시그니처 양파튀김은 달콤하게 감칠맛을 돋우었다.

버거보다 더 맛있는 것은 사이드메뉴 웨지감자였다. 바삭한 겉껍질 안에 쌓여있던 포슬포슬한 감자의 촉감이 일품이다. 트러플오일을 가미한 마요네즈가 소스로 나오는데 느끼한 걸 좋아하는 사람에게 안성맞춤이다. 처음엔 감자만 깔끔하게 집어먹고, 다음 것은 소스에 범벅해서 풍부한 맛을 즐긴다.

스위스블리스(SWISS BLISS), 이탈리안잡(ITALIAN JOB) 등 퓨전 치즈버거를 즐겨도 좋다. 신선하고 질 좋은 재료를 사용해 고기와 어울리도록 조화를 맞추는 게 특기인 버거 집이라 다양한 재료와 소스를 이용한 퓨전 메뉴도 맛있다. 가격대는 기본 버거 6,500원, 가장 비싼 롤스로이스(The Rolls Royce) 버거가 8,500원 정도. 어떤 버거를 고르든지 꼭 곁들였으면 하는 것은 수제맥주다. 베트남에서 주조한 수제맥주가 열 종류 넘게 준비되어 있는데 버거별로 어울리는 맥주를 엄선해 놓았으니 믿고 주문하면 된다. 크래프트맥주가 없는 〈찹스 Chops〉는 앙꼬 없는 찐빵이다. 맥주 한 잔 시원하게 들이켜며 패티가 살아있는 수제버거를 먹어 보자. 호수 전경을 바라보는 일도 잊지 말기!

실내엔 신나는 팝이 흐르고, 밖에는 야자나무의 커다란 나뭇잎이 펄럭이고, 그 너머 호수에는 잔잔한 물결이 일었다. 입속에는 고기의 질감이 살아있는 수제버거가 한가득. 여행의 맛은 바로 이런 것이다.

우연이 필연이 되는 찰나의 순간
88 Lounge

88 Xuân Diệu, Quảng An, Tây Hồ, Hà Nội
+84 (0)24 3718 8029
11:00 - 24:00
wine, cocktail, tapas, etc.

베일에 쌓인 겉모습, 폭발적인 매력을 가진 와인바

쑤안저우(Xuan Dieu)길에 대나무가 잔뜩 심어진 건물이 있다. 시선을 사로잡는 독특한 분위기에 가게를 기웃거리자 웨이터가 달려나와 문을 열어준다. 문부터 예사롭지 않은데 육중해 보이는 철 대문에 빛이 들고 나는 구멍이 중간마다 뚫려 있다. 가게 안으로 들어갔을 때 마음속으로 외쳤다. '와우! 고져스! 뷰티풀! 심봤다.' 베일에 싸여 있던 이곳은 〈88 Lounge〉라는 이름을 가진 와인바다.

가게 안은 온갖 멋있는 것들로 도배되어 있다. 무게감 있는 스톤 테이블에 나무 의자, 붉은 벽돌로 장식한 벽면. 한쪽 벽은 직접 오픈한 와인 병의 코르크 마개를 쌓아서 채워가고 있는 모양이다. 가게는 무려 4층까지 이어지는데 한층 한층 올라갈 때마다 격조 높은 인테리어에 놀라게 된다. 층마다 단골손님의 흑백 사진이 전시되어 있어서 가게가 손님과의 인연을 얼마나 소중히 하는지 느껴졌다. 꼭대기 층에는 깜짝 선물이 준비되어 있었다. 아주 단순한 검정 피아노. 사랑의 세레나데를 연주하면 그 마음이 상대에게 닿을 것 같은 로맨틱한 공간이다. 처음부터 끝까지 멋진 인테리어, 가구와 소품으로 채워진 〈88 Lounge〉에서 내 마음을 가장 사로잡은 것은 1층 액자에 걸려 있는 문구였다.

'모든 빈 병은 이야기로 가득 채워져 있다.'

해피아워 타임에 맞춰서는 잔 와인이 준비되어 있다. 과일 향이 풍부하고 적당히 바디감이 있는 와인. 안주로 퐁당 쇼콜라를 곁들였다. 진득한 초콜릿 케이크를 한입 가득 넣고 달콤함을 만끽하면서 와인을 머금는다. 이미 이 곳의 분위기에 취한 터, 초콜릿 케이크에 몽롱한 상태가 되고, 와인 한 잔을 다 마시면 무슨 일이든 해낼 수 있을 것 같은 기분이 된다.

생각지도 못했던 와인바와 인연이 닿은 것이 못내 신기할 따름이다. 대나무 속에 숨겨진 가게를 본 것, 웨이터가 불쑥 나와 맞아준 것은 '우연'이 준 선물이었다. 찾아온 우연을 붙잡고 이곳에 발을 들였을 때, 우연은 필연이 된다. 〈88 Lounge〉 선물 같은 공간, 앞으로 이곳에서 쌓아갈 추억과 얻어갈 영감, 빈 와인병에 담아 나갈 이야기들을 기대한다.

모르는 맛이라 더 생각나는 해산물 쌀국수
분 타이 하이산 롱투이 Bún thái hải sản Long Thùy

24 Ngũ Xã, Trúc Bạch, Ba Đình, Hà Nội
+84 (0)96 357 7321
07:30 - 21:30
seafood noodle, soy milk, etc.

사진 한 장으로 마음을 설레게 하는 식당

〈분 타이 하이산 롱투이 Bún thái hải sản Long Thùy〉가 있는 응우싸(Ngũ Xã) 길은 작은 로컬식당이 모여 있는 먹자골목이다. 주로 현지인들이 왕래하는 길이라 외국인 혼자 걷는 것이 신기했는지 가게를 하나씩 지나칠 때마다 점원들이 환호성을 지르며 인기척을 한다.
인파를 뚫고 겨우 도착한 해산물 쌀국수 식당. 가게가 만원이라 자연스럽게 베트남 사람들 사이에 합석했다. 주변 테이블을 둘러보니 모든 사람이 해산물 쌀국수를 먹고 있다. 이곳으로 달려오게 한 바로 그 쌀국수다.

주문하기 무섭게 국물이 찰랑찰랑하는 쌀국수가 서빙된다. 모양은 훌륭하다. 단 돈 1,700원짜리 해산물 쌀국수 안에 오징어와 새우, 생선튀김에 딱새우까지 들어가 있다니. 하노이 물가에 다시금 감동했다. 온라인에서 봤던 국수는 내가 시킨 것보다 해산물이 더 풍부했던 것으로 보아 2,500원짜리 곱빼기였던 모양이다.

해산물 쌀국수는 생전 처음 경험하는 맛이었다. 생긴 건 해물탕이나 해물라면 같이 친숙한데 맛은 정말 생경했다. 국물에 대해 무슨 상상을 해도 무조건 다른 맛이다. 모르는 맛을 정확히 상상할 수는 없으니까 말이다.
쌀국수를 계속 먹다보니 국물 안에 똠냥꿍의 맛이 난다는 것을 깨닫게 됐다. 그제야 간판에 쓰인 베트남 단어가 눈에 띈다. 〈분 타이 하이산 Bún thái hải sản〉의 타이(thái)가 태국이라는 뜻이었던 것이다. 분(Bún)이 쌀국수고 하이산(hải sản)이 해산물이니, 분타이 하이산(Bún thái hải sản)은 태국식 해산물 쌀국수가 된다.

실하게 들어있는 해물과 두부, 면발을 건져 먹으면서 생소했던 맛에 점차 익숙해진다. 테이블마다 고추로 만든 양념장이 준비되어 있는데 한 스푼 넣으면 훨씬 얼큰하고 맛있어진다.
옆 자리 베트남 사람들이 두유를 주문하기에 덩달아 한 잔을 시켰는데 아주 맑고 달았다. 시판 두유맛과 전혀 다르다. 직접 콩을 갈아 고운 천에 거른 담백한 콩물 맛이 났다. 얼큰한 해산물 쌀국수와 서로 완전히 반대되는 맛으로, 의외의 조합을 자랑한다.

〈분 타이 하이산 롱투이 Bún thái hải sản Long Thủy〉는 현재 베트남 젊은 친구들 사이에 인기가 많은 국숫집이다. 온라인 리뷰에는 '하노이에서 가장 맛있는 해산물 쌀국수'라는 호평이 가득하다. 베트남에서 국수는 아침 식사로 인식되는 까닭에 저녁에는 국숫집이 한가한 편인데 이곳은 저녁 시간에도 발 디딜 틈이 없다. 먹음직스러워 보이는 해산물을 수북이 쌓아주는 게 첫 번째 인기 비결이다. 그런데 숨겨진 비밀이 하나 더 있다. 식사를 마치고 나오는 길에 흥미로운 장면을 목격했는데 국수를 손님에게 내 갈 때 우리나라에서 국밥을 '토렴'하듯 뜨거운 국물로 재료를 한 번 훑어내고 두 번째 국물을 손님상에 내는 것이었다.

쌀국수를 먹고 하루가 지나니 국물의 오묘한 맛이 은근히 혀에 감돌고, 이틀이 지나니 다시 먹고 싶어 견딜 수가 없다. 확실히 중독성이 있는 맛이다. 하지만 모든 이들에게 추천하기보다는 해산물 마니아와 태국의 똠얌꿍을 좋아하는 사람에게 권하고 싶다.

여기가 이탈리아인가요?
다 파올로 웨스트레이크 Da Paolo Westlake

32 Quang Khanh, Tay Ho District, Hanoi, Hà Nội
+84 (0)24 - 3718 - 6317
10:00 - 23:00
Italian food, wine, etc.

이탈리아의 해안 마을 끝자락에서 의연하게 자리를 지킬 것 같은, 정통 이탈리언 레스토랑

〈다 파올로 웨스트레이크 Da Paolo Westlake〉는 이탈리아 사람이 운영하는 이탈리안 레스토랑이다. 피자, 파스타뿐만 아니라 하몽이나 치즈 등 이탈리아에서 즐겨 먹는 메뉴를 다양하게 선보이고 있으며, 와인 리스트도 풍부하다. 하노이에 거주하는 이탈리아 사람들도 "Authentic Italian Home Cuisine(정통 이태리 가정식)" 이라며 추켜세우는 유명한 식당이다.

메뉴가 다양해서 메뉴판을 살펴보는 데도 시간이 한참 걸린다. 피자, 파스타만 해도 흔히 한국에서 먹던 종류만 있는 것이 아니다. 생전 처음 들어보는 어려운 이름을 가진 메뉴도 많다. 이탈리아식 만두라 불리는 라비올리는 인기 메뉴 중 하나. 파스타 항목 안에 이탈리안 클래식 카테고리가 별도로 지정되어 있어서 정통 이탈리아 음식을 맛보고 싶은 사람에게 좋은 선택지가 될 것이다.

〈다 파올로 Da Paolo〉의 라구 탈리아텔레는 한 마디로 정직한 맛이었다. 붉은 소스에는 고기의 풍미가 한가득 들어있고 씹는 맛이 일품이다. 토마토 맛은 아주 조금 느껴지는데 '빨간 맛'까지는 아니고 '불그스름한 맛' 정도랄까. 가게마다 라구소스 레시피가 달라서 다져 넣는 채소도 천차만별인데 〈다 파올로 Da Paolo〉의 소스에서는 육안으로 채소를 전혀 볼 수 없다. 곱게 갈아 넣었거나 거의 넣지 않은 모양이다. 그 외에 느껴지는 맛은 적당량의 소금뿐이다.

어떻게 보면 심심하다고 느낄 수 있는 맛인데 나는 이런 음식을 참 좋아한다. 피자의 본고장 나폴리에서 피자를 먹으면 단순하고 짜기만 해서 실망한다는 이야기가 있지 않던가. 본토의 맛이란 의외로 그런 경우가 많다. 하지만 이런 음식들이 먹을 땐 다소 심심할 수 있어도 돌아서면 계속 생각나기 마련이다. 계속 먹게 되는 매력이 있다.

호숫길의 끝자락에 위치한 〈다 파올로 Da Paolo〉에서 이탈리아 음식을 먹을 때만큼은 여기가 이탈리아라고 상상해보는 게 어떨까? 당장 이탈리아로 떠날 수 없을지라도 이탈리아 음식을 먹으며 이탈리아 여행하는 기분을 충분히 누릴 순 있으니까. 상상하는 자의 특권이다. 마침 식당에 있던 외국인이 "여기 이탈리아 같지 않아?"라고 말하는 걸 들었다.

〈다 파올로 Da Paolo〉에서는 와인을 한 잔 이상 마시길 추천한다. 와인리스트를 풍부하게 보유하고 있고 메뉴판에 친절한 설명까지 해 두었다. 병 단위로 판매하는 와인도 비싸지 않고 잔으로도 판매하니 부담이 덜하다. 음식의 가격은 파스타 한 그릇을 기준으로 만 원 정도다. 점심에 혼자 방문하면 파스타에 와인 한 잔을 곁들여도 2만 원을 넘지 않는다. 저녁에 동행과 함께 오면 이것저것 시키게 되어 수만 원이 예사로 나온다. 그럼에도 이 가게를 찾게 되는 것은 몇 시간 남짓 맛과 분위기로 이탈리아 여행을 하는 기분이 들기 때문이다. 호수와 와인, 이탈리아 음식이 주는 환상의 하모니를 어떻게 포기할 수 있을까.

크래프트 맥주를 찾아서
스탠딩바 하노이 Standing Bar Hanoi

170 Trấn Vũ, Trúc Bạch, Ba Đình, Hà Nội
+84 (0)24 3266 8057
16:00 - 24:00 (Sun 14:30 - 24:00, Monday OFF)
craft beer, cider, side dishes

잔잔한 일본영화 배경지로 잘 어울릴 것 같은 동네 그리고 매력적인 수제 맥주 가게.

커다란 서호(westlake) 옆에 막냇동생처럼 찰싹 붙어 있는 호수가 있다. 쭉바익(Truc bach) 호수다. 그 안에 '호수 안의 섬'처럼 작고 둥근 모양의 동네가 있는데 짠부(Tran Vu) 길이 마을의 호숫가를 뱅 둘러싸고 있다. 〈스탠딩바 Standing Bar〉는 고요한 짠부(Tran Vu) 길에 있는 매력적인 수제 맥주 펍이다.

〈스탠딩바 Standing Bar〉라는 가게 이름대로 절반 이상의 테이블이 서서 먹도록 디자인된 하이바(High Bar) 형태다. 주인이 일본의 선술집에서 영감을 받아 만든 가게로, 퇴근 후 가볍게 술 한잔하거나 간단한 음식으로 요기를 할 수 있는 가게, 본격적인 음주를 작정한 날 본 경기에 앞서 맥주 한 잔으로 몸풀기를 할 만한 가게를 만들고 싶었다고 한다.

일본 선술집 문화에 영향을 받았다고는 하나 분위기는 전혀 다르다. 기본적으로 빈티지한 인테리어를 바탕으로 하고 있으며 익살스러운 소품을 배치해 편안하면서 유머러스한 공간으로 디자인했다. 인테리어에 내 식대로 이름을 붙여 주자면 '부조화의 조화'. 일본 문화를 참고해 이곳만의 고유한 콘셉트를 창안한 것이 고무적이다.

〈스탠딩바 Standing Bar〉에서는 베트남 생산 수제 맥주를 포함해 세기도 어려울 만큼 다양한 맥주를 취급하고 있다. 뿐만 아니라 사이다(Cider)도 판매한다. 사이다(Cider)란 사과즙을 발효시켜 만든 술을 일컫는데 영국을 대표로 많은 서양 국가에서 크래프트 맥주와 함께 판매되는 인기 술이다.

도수가 낮은 밀맥주를 하나 시키고 안주로는 비프치즈크로켓을 주문했다. 2층으로 올라가서 지는 해를 바라보며 벌컥벌컥 들이켰다. 비프치즈크로켓은 생긴 것만큼이나 맛도 좋았다. 겉은 바삭바삭해서 씹는 느낌이 좋고, 안에 있는 노란 체다치즈는 짭쪼롬한 풍미를 가지고 있어 맥주 맛을 돋보이게 만든다. '캬! 해질녘에 혼자 마시는 맥주와 크로켓. 이런 게 사는 맛이지.'

옆 테이블에 있던 커플이 말을 걸어왔고 얼결에 그들과 통성명을 했다. 당연히 대화는 거기서 끝나지 않았다. 이 펍엔 처음이냐, 어느 나라 사람이냐, 무슨 일을 하냐 등 질문이 멈추지 않는다. 그들은 평창 올림픽 때 한국을 여행했던 얘기를 하면서 추억에 젖어 행복해했다. 맥주 한 잔 마시고 일어날 셈이었는데 졸지에 수다 삼매경에 빠져 한참을 더 머물렀다. 낯선 사람인 내게 경계심 없이 순수하게 다가와 준 사랑스러운 커플.

세계 어느 나라를 가도 여행할 때마다 비슷한 일이 있었다. 국경과 나이와 인종을 초월해 앉은 자리에서 친구가 되는 영화 같은 우정 말이다. 외국인들은 관계의 초기 진입장벽이 낮은 걸까. 아니, 여행지에선 처음 보는 한국인과도 쉽게 말을 트고 이야기한다. 여행하는 동안 마음에 여유가 생겨 스치는 인연을 붙잡을 용기가 생기는 걸지도 모르겠다.

돼지학개론
더 펫 피그 The Fat Pig

74 Quang An, Tay Ho, Ha Noi, Quảng An, Tây Hồ, Hà Nội
+84 (0)24 6292 4120
16:00 - 23:00 (Sat, Sun 09:00 - 23:00)
barbecue, craft beer, cocktail, etc.

고기를 좋아하는 사람이라면 누구라도 반할만한 신개념 고기 펍

꽝안(Quang An) 길을 걷다가 건물 벽에 그려진 큼지막한 돼지 그림을 보았다. 예쁜 카페와 우아한 음식점이 보석처럼 박힌 꽝안(Quang An) 길에서 적나라한 돼지의 모습을 보게 된 의외의 광경에 픽 하고 웃음이 터졌다. 자세히 보니 그 위에 쓰인 글귀가 설상가상이다. 〈The Fat Pig〉 '뚱뚱한 돼지.'

〈The Fat Pig〉의 화려한 네온사인은 밤거리를 환하게 비추고 있었다. 가게 밖으로 새어나오는 핑크빛 조명이 정육점을 연상시키지만, 정육식당은 아니고 각종 고기를 구워서 파는 바비큐집이다. 키치(kitsch)하다는 말이 딱 어울리는 가게다. 곳곳에서 요란하게 빛을 뿜어내는 색색의 조명들, 손으로 대강 그려놓은 것 같지만 의외로 디테일이 살아있는 고기 설명서, 알록달록 부위별로 분할된 통돼지 그림. 음료를 주문하는 바 섹션에는 돼지 울음소리가 영어로 써 있었다. OINK!

〈The Fat Pig〉는 여길 봐도, 돼지, 저길 봐도 돼지, 메뉴판을 봐도 돼지. All about the PIG(돼지에 관한 모든 것) 혹은 '돼지학개론' 이라고 부를만한 식당이다. 주 메뉴는 바비큐와 꼬치구이, 크래프트 맥주. 영국 사람들이 일요일에 교회 다녀온 뒤에 먹어서 'Sunday Roast' 라는 이름이 붙은 스테이크 메뉴도 인기가 많다.

주력 메뉴 바비큐 콤보 플레이트에는 다섯 종류의 바비큐가 나온다. 이국적 향이 감도는 소시지, 참치처럼 잘게 찢은 돼지고기, 치킨 스테이크, 어느 부위인지는 모르지만 맛있는 돼지고기. 그 중 입맛을 가장 사로잡은 것은 폭립이었다. 달짝지근하면서 입에 착 감기는 시즈닝도 훌륭하고, 나이프만 가져다 대도 뼈에서 분리될 정도로 부드러운 육질이 일품이다.

육류를 좋아하는 사람이라면 틀림없이 〈The Fat Pig〉를 좋아하게 될 것이다. 돼지고기가 메인이긴 하지만 소고기나 닭고기 요리도 판매한다. 주류 중에는 베트남 생산의 크래프트 맥주를 추천한다. 만약 오후 4시에서 7시 사이의 해피아워 시간에 방문하면 와인이나 칵테일도 좋은 선택이 될 것이다. 가격은 스테이크와 바비큐 플레이트 등 고기 메뉴 2~3만 원 선, 맥주는 한 잔에 5천 원 정도니 예산 계획에 참고하길 바란다.

혼자 즐기는 브런치 뷔페
안남 카페 구르메 Annam Cafe Gourmet

51 Xuân Diệu, Syrena Tower, 1st Floor,, Quảng An, Tây Hồ, Hà Nội
+84 (0)24 6673 9661
07:00 – 22:00
brunch, bread, coffee, juice, etc.

맛있는 브런치란 미각만이 아니라 오감으로 느끼며 먹는 것.

쑤안져우(Xuân Diệu) 길의 한 카페. 반짝이는 테라스에서 우아하게 햇살을 즐기며 식사하는 노부부가 시선을 사로잡는다. 가까이 가서야 비로소 카페 이름을 알게 되었다. 〈안남 카페 구르메 ANNAM CAFE GOURMET〉. 고급 수입식품을 취급하는 상점으로 유명한 안남 마켓(ANNAM MARKET)과 같은 계열이다.

카페 카운터 옆에는 근사한 음식이 차려져 있다. 물기가 방울방울 맺힌 신선한 채소와 알록달록 장식된 카나페, 각종 치즈가 먹음직스럽게 유혹한다. 원색 무쇠 냄비에 담긴 빛깔 고운 서양식 돼지 갈비찜도 있다. 김이 모락모락 피어오른다. 〈안남 카페 구르메 ANNAM CAFE GOURMET〉가 오전 11시부터 오후 2시 30분까지 선보이는 브런치 뷔페다.

수프와 샐러드로 식욕을 돋운 후, 샤프란 볶음밥과 돼지고기 바비큐로 본식의 막을 열었다. 고기를 한 점 썰어서 살포시 입으로 가져간다. 이국의 향을 음미하기 위해 치즈와 햄, 카나페도 곁들인다. 생과일을 직접 갈아 만든 빨간 수박 주스로 달콤함을 충전한다. 몸도 마음도 행복해지는 한 끼다.

혼자 즐겼던 〈안남 카페 구르메 ANNAM CAFE GOURMET〉의 브런치를 통해 느낀 것이 있다. 말하자면 '브런치의 심리학' 이랄까. 그날의 점심을 떠올리면 '참 맛있게 먹었다'는 기억이 있다. 하지만 어떤 음식이 어떻게 맛있었냐고 물으면 딱히 할 말이 없다. 음식이 가진 '맛'으로만 먹은 식사가 아니었기 때문이다. 옆자리에 앉았던 아랍계 여성과 배 나온 유럽 아저씨의 유쾌한 대화, 건너편엔 아이패드로 비즈니스 파트너와 영상 통화 중이었던 커리어 우먼, 그리고 내 테이블에 올려진 맛있는 음식과 좋아하는 소설책 한 권. 이 모든 것들이 조화롭게 버무려져 '맛'을 선사했다. 게다가 '나 홀로 브런치'였으니 낭만 1점 추가요, 무려 '뷔페'니까 포만감 10점 추가! 맛있는 식사란 미각으로만 먹는 게 아니라 오감, 가끔은 육감으로 느끼는 것이다.

Article #3 오토바이 사이로 막 가!

하노이에 처음 도착한 날이었다. 길을 건너야 하는데 도무지 불가능했다. 수 십 대의 오토바이와 인력거, 몇 대의 차량과 자전거가 꼬인 실타래처럼 도로에 뒤엉켜 있었기 때문이다. 용케도 베트남 사람들은 그 사이를 헤집고 길을 건넜다. '세상에, 저게 가능해?' 잊고 있던 해묵은 개그가 떠오르고 저절로 변주되는 순간이었다. "세상에서 제일 용감한 사람이 누구게? 오토바이사이로막가"

하노이 여행객들은 카오스적인 교통체제를 보고 충격과 공포를 금치 못한다. 정지 신호 무시는 기본이요, 좌회전 우회전 유턴은 내킬 때 아무 데서나, 역주행까지 일삼는 오토바이 군단을 보고 어찌 놀라지 않을 수 있을까. 일반적으로 여행의 첫날은 오토바이를 피해 목숨을 부지하려는 필사적인 노력을 하다가 진을 빼앗기고 만다. 하지만 둘째 날이 되면 길 건너는 요령을 습득하게 되고 셋째 날이 되면 은근히 무아지경의 하노이 도로를 즐기는 자신을 발견할지도 모른다. 처음 이곳에 왔을 때 자그마한 골목 하나도 건너지 못해 발을 동동 구르던 나는, 일 년간 베트남의 교통 체제에 완전히 적응하여 이제 눈빛과 손짓으로 지나가는 오토바이 운전자들과 무언의 교감을 주고받는 베테랑 보행자가 됐다.

하노이 도로를 관찰하면서 발견한 나름의 규칙이 있다. 바로 '치킨게임'. 어느 한 쪽이 양보하지 않으면 양쪽 모두 파국에 이르는 게임이론이자 정치용어다. 두 차량이 마주보고 달려오는데 한 쪽이 피하지 않으면 둘 다 죽는 무시무시한 게임이다. 신호 체계를 의식하지 않고 제 갈 길만 냅다 달리는 하노이의 교통체제는 조금 과장을 보태 치킨게임과 흡사하다. 어느 쪽이 피하는 쪽이냐 하면 '덜 급한 쪽'이라고 할 수 있겠다. 더 급한 쪽이 직진하고, 덜 급한 차량 혹은 오토바이나 사람이 멈춰 서서 양보를 한다. 한 마디로 '눈치와 배려의 교통시스템'이라고 부르고 싶다. 우리에게 익숙한 '신호 체계' 대신 사람의 '감각'이 그 역할을 대신한다. 체계가 갖춰지지 않은 교통체제가 위험천만한 것은 사실이지만 도로 위에서 서로의 니즈를 순간적으로 파악하고 눈치껏 양보하는 베트남 도로에는 은근한 낭만과 유머가 있다.

시도 때도 없이 곳곳에서 울리는 베트남 자동차의 경적에도 작은 비밀이 숨어 있다. 시끄러운 자동차 경적을 듣는 게 즐거울 리 없지만 '경적' 할 때 반사적으로 떠오르는 일반적인 경적, 신경질적인 경적과는 기능이 다르다. 하노이에서 울리는 대부분의 경적에는 부정적인 감정 요소가 배제되어 있다. 알람의 역할에 충실한 경적이라고 할까. '아이 씨, 빨리 안 가고 뭐 해?' 라고 화내는 경적이 아닌 '빵빵, 나 지나가 조심해', '워우, 나 여기 있어.' 생존을 위한 외침에 가깝다. 따라서 한국보다 훨씬 경적의 빈도가 높고 소란스러움에도 불구하고 하노이에서는 경적을 듣고 불쾌했던 적이 거의 없다. 기계의 소음에도 사람의 감정이 고스란히 담긴다.

식도락 여행을 위해서는 교통 이용이 불가피하기 때문에 하노이 도로에 적응하는 팁을 간단히 이야기하고자 한다. 보행 시 길을 건너야 할 때는 주변에 있는 현지인을 포착하라. 그 사람 뒤에 일행처럼 따라붙어 길을 건너는 것이 가장 안전하고 쉬운 방법이다. 도로 위에서는 머뭇거리면 안 된다. 천천히 일반적인 보행 속도로 길을 건너면 오토바이들이 알아서 피해갈 것이다. 베트남 운전자의 '짬'을 신뢰하라.

택시를 이용할 일이 있을 때는 일반 택시 보다는 Grab(그랩) 어플리케이션을 이용하는 것이 좋다. 한국의 카카오택시와 비슷한 기능을 가지고 있지만, Grab(그랩)의 경우 정확한 이용 금액이 미리 고지되기 때문에 현지 물가를 잘 모르는 여행객에게 안성맞춤이며, 설정해둔 신용카드로 자동 결제도 가능하다. 겁이 없는 성격이라면 Grab 오토바이 택시를 이용하는 방법도 있다. 오토바이 뒷자석에 앉아 하노이 도로를 누비면 유명 휴양지의 패러글라이딩만큼이나 짜릿한 희열을 경험할 수 있다. 하노이 여행의 잊지 못할 추억이 될 것이다. 하지만 여행객에게 재미보다 우선시 되어야 할 것은 안전이라는 것을 명심하길 바란다. 주변 베트남 친구도 심심치 않게 오토바이 사고를 당하고, 나 또한 하노이 근교에서 오토바이를 타다가 작은 사고를 경험했다. 따라서 베트남 도로에 설 때는 세상에서 가장 용기 있는 자 '오토바이사이로막가'의 강인함과 판단력을 겸비함과 동시에, '자나깨나 안전'을 생각해야 한다는 것을 거듭 당부하고 싶다. 하노이의 교통은 '눈치껏 피하거나 혹은, (이하생략)', 목숨을 건 치킨게임이니까.

Chapter 04

기타 지역 (바딩 Ba Đình, 커우져이 Cầu Giấy)

하노이는 인구 7백 60만, 총면적 3323㎢로, 호찌민에 이어 베트남에서 두 번째로 규모가 큰 도시다. 행정 지역을 기준으로 도심 구역에만 12개의 군(Quan)이 있다. 여행객에게 제공되는 관광지·음식점 정보는 대부분 호안끼엠과 서호 지역에 국한되는 경향이 있지만, 먹거리 여행을 목적으로 한다면 시야를 더 넓게 확장할 수 있다. 하노이 곳곳에 식도락 여행 스팟이 숨어 있기 때문이다. 정치의 중심지 바딩(Ba Đình), 신시가지 커우저이(Cầu Giấy)가 대표적이다.

특히 바딩 군에 속한 일본인 거리 킴마(Kim Mã) 부근에는 꾸준한 인기로 사랑받는 맛집이 밀집되어 있으며, 한국 교민들이 주로 거주하는 커우져이 군의 쭝화(Trung Hoà) 일대, 한인 타운이라 불리는 미딩(Mỹ Đình) 지역에도 가서 볼만한 레스토랑과 카페가 여럿 있다. 동아시아 이주민의 주요 생활무대인 이 지역에는 각국에서 이주한 외국인 셰프가 운영하는 식당이 즐비하고, 고향의 맛을 찾아 방문하는 다국적 외국인들로 다문화적인 양상이 나타난다. 다양한 나라의 음식을 저렴한 가격에 맛보고 싶다면, 관광지를 벗어나 시민들이 실제 생활하고 있는 곳으로 여행을 떠나보자. 하노이를 구석구석 돌아보는 일거양득의 경험이 될 것이다.

QR코드 리더기로 QR코드를 스캔하면 도서에 소개된 곳의 위치 정보를 확인할 수 있습니다.

문재인 대통령의 쌀국수
퍼10 리꿕수 Phở 10 Lý Quốc Sư

N2A Hoàng Minh Giám, Trung Hòa Nhân Chính, Thanh Xuân, Hà Nội
+84 (0)94 479 55 88
06:00 - 22:00
pho(beef noodle), rice, drink, etc.

하노이 거주 교민들이 부담 없이 끼니를 해결하는 동네 밥집.

〈퍼10 리꿕수 Phở 10 Lý Quốc Sư〉는 쌀국수의 본고장 하노이에서도 최고로 손꼽히는 식당이다. 상호를 보면 알 수 있듯 〈Phở 10〉은 호안끼엠 호수 근처 리꿕수(Lý Quốc Sư) 길에서 시작되었다. 최근 한국인들 사이에서는 황민잠(Hoang Minh Giam) 길에 있는 분점이 더 인기를 끌고 있다. 2018년 3월 하노이에서 열린 한국과 베트남 정담회담 당시 문재인 대통령이 〈퍼10 Phở 10〉 황민잠 지점에서 밥 먹는 모습이 언론에 공개됐기 때문이다.

이 식당의 특징은 국수에 들어가는 소고기를 부위별로 선택할 수 있다는 것, 쌀국수 고기의 익힘 정도를 정할 수 있다는 것이다. 살짝 익은 고기를 뜻하는 타이(tái)이나 완전히 익은 친(chín)으로 주문할 수 있고, 반반 섞은 타이친(tái chín)도 가능하다.

김이 모락모락 나는 쌀국수에 라임 두 조각을 쭉쭉 짜고 매운 고추를 팍팍 넣어 국물을 들이켜면 얼큰함에 온몸이 뜨끈하게 데워진다. 부드러운 쌀국수 면발은 멈출 새 없이 입안으로 빨려 들어오고, 콧등에 땀을 송송 흘리며 몇 젓가락 건져먹다 보면 어느새 한 그릇을 뚝딱 비운다.

〈Phở 10〉에는 쌀국수와 곁들여 먹을 특별한 사이드 메뉴가 있다. 하노이 스타일의 해산물 튀김 '넴 하이산'. 해물을 다져서 튀긴 후 마요네즈에 찍어 먹는 음식인데 오후만 되어도 품절이 될 만큼 인기가 많으니 되도록 일찍 주문해야 한다.

테이블 위에 놓인 간이 메뉴판에 쓰여 있지 않거니와 튀김을 개수별로 주문해야 해서 미리 주문 요령을 익히는 것이 좋다. 한 개는 '못', 두 개는 '하이', 세 개는 '바', 네 개는 '봉', 다섯 개는 '남'이라고 한다. 즉, 해산물 튀김 두 개를 원하면 "하이, 넴 하이산."

몇 가지 팁을 더 주면, 현지인들이 물 대신 시켜 먹는 차가운 베트남 녹차 '짜다'는 단돈 350원에 즐길 수 있다. 그리고 쌀국수에 적셔 먹는 꽈배기는 궈이(quẩy)라고 하는데 맛 자체보다는 포만감을 위해 먹는 음식이기 때문에 양이 큰 사람에게 추천한다. 혹시 저녁에 방문할 경우 쌀국수가 아닌 '밥'을 먹어도 된다. 불고기 백반처럼 한 접시에 밥과 반찬이 담겨 나오는 식사 메뉴도 쌀국수만큼이나 유명하다. 식사 메뉴를 원할 경우 영어가 병기된 메뉴판을 달라고 부탁해야 한다. 베트남 말로는 '메뉴 띠엥 아잉(영어 메뉴)'.

〈퍼10 Phở 10〉의 단점은 비싸다는 것이다. 로컬 식당 쌀국수가 2,000원 남짓인데 이 식당에서는 한 그릇에 3,500원의 예산을 잡아야 한다. 밥 메뉴는 5,000원에서 6,000원 정도. 저렴하지 않은 가격에도 많은 이들이 찾는 데는 분명한 이유가 있다. 진한 쌀국수 맛도 큰 몫을 하겠지만 식당의 청결도와 서비스 정신이 차별화 전략이 아닐까 생각한다.

나만 알고 싶은 비밀 아지트
사피오 커피 Sapio Coffee

Số 2, Ngõ 170 Hoàng Ngân, Trung Hoà, Cầu Giấy, Hà Nội
+84 (0)94 454 33 11
07:00 - 22:00
coffee, etc.

단골 카페에 대한 모든 로망을 충족시켜주는 고마운 아지트

쭝화(Trung Hoà)의 황응언(Hoàng Ngân)길에 있는 〈사피오 커피 Sapio Coffee〉는 단골 카페에 대한 로망을 충족시켜주는 고마운 아지트다.

〈사피오 커피 Sapio Coffee〉를 발견한 것은 전적으로 우연이었다. 여행 책자에 소개된 곳도 아니고 한국인 커뮤니티에서 명성이 자자한 곳도 아니었다. 동네를 거닐다가 외딴 골목에 발을 잘못 디뎠을 때 거짓말처럼 작은 카페 하나가 얼굴을 내밀었다. 커피의 도시 하노이에 한 골목에 두세 개씩 있는 게 로컬 카페라지만 이 카페는 느낌이 특별했다. 단정한 외관과 간판에서부터 다른 카페들과 구별되는 아우라가 뿜어져 나오고 있었다.

카페 문을 열면 바로 보이는 오픈 바 테이블에는 한 방울씩 떨어지는 콜드브루, 사이판, 융드립기, 에어로프레스 등 일일이 열거하기도 어려울 만큼 다양한 종류의 커피 기구들이 전시되어 있었다. 눈을 동그랗게 뜨고 카페를 둘러보는데 초록색의 단정한 앞치마를 입은 직원 두 명이 환하게 웃으며 바 자리를 마련해 주었다. 크래프트지에 인쇄한 메뉴판에선 시크한 세련미가 풍겼고, 써 놓은 모든 메뉴에 대한 카페 주인의 자부심을 엿볼 수 있었다.

아이스 카페라테를 주문했다. 일반적으로 아이스라테는 얼음 위에 우유를 붓고 그 위에 에스프레소 샷을 넣어서 만드는데 〈사피오 Sapio〉의 바리스타는 칵테일 셰이커에 우유와 크림 사이의 하얀 액체를 넣고 한참을 흔들었다. 카푸치노를 만들 듯, 차가운 카페라테 위에 셰이커에서 만들어진 풍성한 거품을 올려서 커피를 완성한다. 부드러운 커피를 따라 크림이 입 안 가득 넘어왔고, 고소한 우유 향에 달콤한 맛, 부드러운 촉감이 입을 넘어 마음조차 스며들었다. 커피와 우유의 절묘한 조합이 만들어내는 맛있는 커피의 '단맛'을 얼마 만에 느껴보았는지.

〈사피오 커피 Sapio coffee〉는 커피 맛도 좋지만, 특유의 분위기가 마음에 평화를 준다. 프로페셔널하면서도 고요한, 그러면서도 손님의 필요를 세심하게 살피는 바리스타와 직원들의 매너도 한몫한다. 〈사피오 커피 Sapio coffee〉에 있을 때만큼은 파리의 테라스카페, 서울 서촌의 감성 카페가 전혀 그립지 않다.

내 생애 최고의 리소토
엠스 카페 앤 비스트로 Emm's cafe & Bistro

110/D1 Trần Huy Liệu, Giảng Võ, Ba Đình, Hà Nội
+84 (0)24 6293 6361
07:30 - 23:00 (Everyday)
French food, Italian food, dessert, drink, coffee, wine, etc.

트러플 머쉬룸 리소토가 생각 날 때면 주저말고 찾아야 할 곳.

유러피언 비스트로를 표방하는 〈엠스 카페 앤 비스트로 Emm's cafe & Bistro〉는 장보 호수(Ho Giang Vo) 근처의 한적한 길에 자리 잡고 있다. 일렬로 심어진 가로수를 사이에 두고 자그마한 식당과 카페들이 나란히 마주 보는 모양새다.
식당의 메뉴는 샌드위치와 파스타부터 프랑스식 요리까지 '유러피언 카페'라는 말이 어울리는 음식과 음료로 구성되어 있다.

수많은 메뉴 속에 단연 돋보이는 존재는 입소문이 자자해 거의 모든 테이블에서 하나씩은 주문하는 메뉴, 바로 트러플 머쉬룸 리소토다. 미색의 크림에 버무려진 하얀 쌀, 그 위로 드문드문 보이는 버섯. 보기엔 보통의 크림리소토와 크게 다를 바 없지만 한 입 먹는 순간 눈을 번쩍 뜨게 된다. 적당히 살아있는 쌀의 단단함, 가끔 씹히는 맛을 선사하는 버섯도 훌륭하지만, 대망의 하이라이트는 트러플 오일의 향이다.

우리말로 송로버섯이라고 하는 트러플은 세계 3대 음식 재료 중 하나로 꼽히는 고급 버섯이다. 채취가 쉽지 않기 때문에 ‘땅속의 다이아몬드’라는 별명을 가지고 있는데 실물 트러플을 사용하기에는 계절과 지리적 한계가 많기 때문에 트러플 오일을 활용한 음식이 대중화되고 있다. 트러플은 강하고 독특한 향취를 가지고 있어서 소량으로도 음식 맛 전체를 좌우한다. 〈Emm’s〉의 리소토는 크림과 트러플향의 조화를 화려하게 구현했다. 내 생애 최고의 리소토라고 치켜 세우기에 부족함이 없다. 주변인들에게 몇 차례 〈Emm’s〉의 리소토를 소개해 주었는데 식당에 다녀오고 보인 반응은 모두 한결같았다. ‘Amazing!’

프렌치 비스트로 스타일의 코스메뉴도 일품이다. 런치 스페셜은 ‘스타터 – 메인 – 디저트’ 3코스 중 두 가지, 혹은 세 가지를 선택할 수 있으며 가격은 한화 1만 원에서 1만 5천 원 정도로 저렴한 편이다. 그 외에도 ‘Today’s special‘, 시즌 프로모션 등을 내세워 메뉴 개발을 해서 항상 선택의 폭이 넓다.

〈엠스 Emm's〉의 또 다른 장점은 여유를 만끽할 수 있는 분위기에 있다. 번화가를 벗어나 한적하고 여유로운 동네에 자리를 잡은 까닭에 〈엠스 Emm's〉 창문을 통해 내다보는 하늘은 유난히 맑게 느껴진다. 잘 차려진 유러피언 음식 한 상과 감미로운 와인, 유리창 너머로 보이는 하늘까지 있으니 세상 부러울 것이 없다.

하노이의 지붕
탑 오브 하노이 Top of Hanoi

65F Lotte hotel, 54 Liễu Giai, Ngọc Khánh, Ba Đình, Hà Nội
+84 (0)24 3333 1000
17:00 - 00:00
cocktail, beer, side dishes, etc.

하노이에서 가장 높은 루프탑바

야경이 아름다운 도시 여행지는 많이 있지만 하노이 야경에 대한 이야기는 거의 없는 편이다. 그래서인지 하노이 여행을 할 때 높은 곳에 올라갈 생각을 하는 사람은 많지 않다. 바딩에 있는 롯데센터 꼭대기에 루프탑 바가 있다는 이야기를 들었지만 별 기대는 없었다. 미세먼지 수치는 날마다 위험 수준이고 하늘은 희뿌연 회색빛인데 야경이 보이기는 할지 의구심도 들었다. 하지만 겪어보기 전에 함부로 판단하지 말라고 하지 않던가. 〈탑 오브 하노이 Top of Hanoi〉를 두고 하는 말이다.

롯데호텔 65층 루프탑바로 향하는 길, 꼭대기 층에 다다르면 옥상으로 향하는 입구가 나온다. 짧은 미로를 본 뜬 어두운 길에 푸른 빛의 네온사인이 빛나고 있다. '와우!' 혹은 '우아!', 옥상을 본 사람들은 모두 저마다의 감탄사를 연발한다. 하늘에 조금 가깝게 다가섰다고 도로에 섰을 때 보다 신선한 공기가 마중한다. 해 질 녘 노을은 붉은 물감으로 채색한 수채화 화폭처럼 아름다움을 과시한다. 이내 해가 지고, 360도로 펼쳐진 야경 앞에서 뜻밖의 경건함이 느껴진다. 칠흑 같은 어둠을 가르는 반짝이는 도시의 불빛, 그 누가 하노이의 야경을 아름답지 않다고 할 수 있겠나. 적어도 〈탑 오브 하노이 Top of Hanoi〉에서 바라보는 하노이의 밤 풍경은 백만 불짜리 야경이라는 홍콩에 견주어도 모자람이 없었다. 특제 칵테일 한 잔을 손에 들고 서늘한 밤바람을 맞으며 시내를 내려다본 그날 밤은 하노이 여행에서 가장 몽환적인 장면으로 기억된다.

칵테일, 생맥주, 무알코올 칵테일, 스무디 등의 음료와 함께 버거, 피자, 파스타 등의 음식도 판매하니 간단한 저녁 식사를 겸해 느긋하게 머물러도 좋다. 가격대는 칵테일 한 잔에 만 원 선, 식대는 만 오천 원에서 삼사 만원까지 제법 비싸게 형성되어 있지만, 그 정도 비용을 지급하더라도 한 번쯤 가볼 만하다. 다만 안타깝게도 하노이의 하늘은 변덕이 심하고 흐릴 때가 많아 아름다운 야경을 100% 보장할 수는 없다는 점은 고려하길 바란다.

미슐랭 원스타 딤섬
팀호완 TIM HO WAN

36F Lotte hotel, 54 Liễu Giai, Ngọc Khánh, Ba Đình, Hà Nội
+84 (0)24 3333 1725
11:30 - 22:00
dimsum, tea, beer, etc.

딤섬을 먹고자 할 때 고민할 여지없이 찾게 되는 식당.

〈팀호완 TIM HO WAN〉은 현지인과 관광객 모두로부터 인기를 누리는 딤섬 전문 레스토랑이다. 점심이든 저녁이든 시간대를 불문하고 손님들의 발걸음이 끊이지 않는다. 이유는 명확하다. 미슐랭 원스타 출신의 화려한 경력 때문이다. 사실을 말하자면 하노이 롯데호텔에 있는 〈팀호완 TIM HO WAN〉이 미슐랭 스타를 받은 것이 아니라, 미슐랭 스타를 받은 홍콩의 딤섬 집이 하노이에 분점을 낸 것이지만 말이다.

2010년 발간된 미슐랭에서 별을 받을 당시, 〈팀호완 Tim Ho Wan〉은 창업한 지 불과 1년밖에 되지 않은 신생 식당이었다. 홍콩 셰프 막구이푸이(Mak Gui Pui)와 룽파이쿵(Leung Fai Keung)은 양질의 딤섬을 합리적인 가격에 제공하겠다는 일념으로 홍콩의 몽콕 지역에 딤섬 집을 오픈했고, 대중의 뜨거운 성원에 힘입어 이듬해에 미슐랭 스타를 받으면서 인기 대열에 오르게 된다. 현재는 대만, 싱가폴, 필리핀 등 9개 국가에 20개가 넘는 지점을 세우며 전 세계로 확장하고 있다. 운 좋게도 그 중 하노이가 포함되어 있어 홍콩까지 가지 않고도 〈팀호완 Tim Ho Wan〉의 딤섬을 맛볼 수 있는 것이다.

메뉴는 단출하다. 한눈에 볼 수 있게 판으로 제작된 메뉴에는 찐 딤섬, 튀긴 딤섬, 롤 딤섬, 디저트 등이 그림과 함께 명시되어 있고, 번호로 간단히 주문할 수 있다. 특별히 인기가 많은 특제 메뉴는 사대천왕(BIG 4)이라는 이름으로 불리는데 메뉴판의 맨 윗자리를 차지하고 있다. 가격은 한 접시 평균 3,500원에서 5,000원 사이로 다른 국가에 입점한 〈팀호완 Tim Ho Wan〉 체인보다 조금 저렴한 편이다.

'딤섬이 달라 봐야 얼마나 다르겠어?'라고 생각한다면 오산이다. 투명하고 쫀득한 찹쌀에 새우를 넣어 만든 하카우, 새우와 돼지고기를 잘게 썰어 노란색 주머니로 감싼 샤오마이, 쌀가루를 얇게 개어 안에 고기와 기타 재료를 넣고 돌돌 말아 쪄낸 창펀 등의 일반적인 딤섬부터 〈팀호완 Tim Ho Wan〉의 자랑인 큼직한 바비큐 번과 달걀 케이크까지 모든 메뉴가 맛있다. 하물며 수프 종류와 볶음밥, 죽과 같은 메뉴도 기본에 충실해서 기대를 완벽히 충족시킨다.

추천하고 싶은 음료는 두 종류다. 첫 번째는 맥주. 야식으로 만두를 지글지글 구워 맥주 한 캔과 함께 먹을 때처럼 딤섬도 맥주와 잘 어울린다. 혹시 속을 편안하게 하는 음료를 찾는다면 티 팟(tea pot)에 담겨 나오는 차를 주문하길 바란다. 보온을 위해 두께감이 좋은 주전자를 사용하기 때문에 딤섬을 먹는 내내 따뜻한 차를 즐길 수 있다.

하노이 〈팀호완 Tim Ho Wan〉이 가진 최고의 장점은 36층의 높은 시야에서 시내를 전망하며 딤섬을 먹을 수 있다는 것이다. 날씨만 좋다면 근방뿐 아니라 서호까지도 조망이 가능해서 스카이라운지에서 식사하는 기분을 덤으로 얻는다. 창가 좌석에 앉고자 하면 전화로 예약할 것을 추천한다. 또 하나, 혼자 방문하는 사람도 부담이 없다는 게 딤섬 집의 장점이다. 먹고 싶은 메뉴를 골라 여러 접시 시켜놓고 조금씩 맛볼 수 있으니 이곳에서만큼은 두세 명이 함께 식사하는 그룹이 부럽지 않을 것이다.

★

육즙 가득한 함박스테이크
나리 Nari

635 Kim Mã, Ngọc Khánh, Ba Đình, Hà Nội
+84 (0)121 600 3599
11:30 - 22:30 (break time 14:00-17:00)
Japanese style hamburger steak, beef steak, etc.

시각과 후각, 미각을 동시에 만족시키는 일본풍 함박스테이크.

일본인들의 거리로 불리는 킴마(Kim Mã)에 함박스테이크 전문점이 있다. 저녁이 되면 일본 특유의 이자카야로 북새통을 이루는 숨은 맛집이 〈나리 Nari〉다.
하노이에 많은 일본 음식점 중 이곳이 돋보이는 이유는 실제 일본인이 운영하는 식당이기 때문이다. 손님이 식당에 들어서면 전 직원이 '이랏샤이마세' 라고 힘차게 손님을 맞는다. 메뉴판도 일본어로 되어 있고, 서빙도 일본어로 받는다. 일본을 여행할 때처럼 매우 친절한 서비스를 경험할 수 있다. 메뉴판에서도 일본 본토의 색이 많이 드러난다. 메인은 함박스테이크와 소고기 스테이크지만 감자 샐러드, 가라아게 같은 이자카야 대표 안주들도 넉넉히 준비되어 있다. 음식은 물론 두말할 나위 없이 훌륭한 '본토의 맛'. 분위기로 보나 맛으로 보나 '고독한 미식가'의 주인공 고로 아저씨가 늦은 저녁 식사를 할 것 같은 집이다.

〈Nari〉의 대표 메뉴인 함박스테이크는 뜨거운 철판에 담겨 나온다. 커다랗고 둥그렇게 빚어진 함박스테이크를 보는 순간 침샘이 폭발한다. 토핑으로 올린 노른자를 반 가르면 달걀의 고소함이 고기에 흘러내리고, 부드러움과 담백함이 만나 환상의 하모니를 만들어낸다. 함박스테이크 아래 깔린 숙주를 곁들이면 풍미 가득한 함박스테이크를 만끽할 수 있다.

고기가 특별히 당기는 날이라면 '콤보'를 추천한다. 일본식 함박스테이크와 소고기 서로인 스테이크가 함께 나오는 메뉴다. 서로인 스테이크는 별다른 소스도 없이 소금과 후추로 시즈닝하는데도 감칠맛이 좋다. 밥 세트, 빵 세트를 주문하면 밥/빵과 함께 〈나리 Nari〉 특선 콘소메스프와 샐러드가 함께 나오는데 리필도 가능하기 때문에 부족함 없이 먹을 수 있다. 리필이 필요할 땐 이렇게 외쳐보자. "오카와리 쿠다사이".

〈Nari〉의 다른 장점은 혼자 식사하는 사람이 부담 없이 찾을 수 있도록 오픈키친에 1인용 좌석을 마련해 놓았다는 것이다. '혼밥' 문화가 익숙한 일본이기에 1인 방문자를 고려하여 식당을 디자인한 것이다. 조금 특이한 점은 식당 내에 유독 남자 손님이 많다는 것인데 일본의 이자카야(선술집) 문화, 즉 남성 회사원들이 퇴근 후 찾는 술집의 특성이 반영되었으리라 추측된다.

한식이 그리울 때
고주몽

8F, Keangnam Hanoi Landmark 72, Phạm Hùng, Từ Liêm, Hà Nội
+84 (0)90-668-5000 (Korean available)
11:30 - 22:00 (break time 14:00 - 17:30)
Korean food, lunch special BBQ, etc.

'맛' 때문만 아니라 허전한 '마음'을 위해 찾는 한식당. ㅇㅇ

하노이 안의 작은 코리아타운으로 알려진 〈경남랜드마크72〉 건물에는 한국인이 운영하는 식당이 여러 개 있다. 고주몽은 그중에서도 고급스럽게 한식을 제공하는 곳으로 손꼽힌다. 식당 전체가 개별 방으로 구성되어 있다. 각 방을 담당하는 서버도 별도로 지정되어 조용한 식사와 수준 높은 서비스를 즐길 수 있다. 물론 혼자 방문하는 여행객도 환영이다.

메뉴는 크게 된장찌개, 뚝배기, 불고기 등의 점심 단품 메뉴와 점심 특선 쌈밥, 저녁에 많이 찾는 소 · 돼지 숯불구이와 코스 요리로 나뉜다. 단품 식사 메뉴를 시켜도 기본 반찬이 알차게 나와 만족스러운 식사를 할 수 있다. 저녁에는 고기구이가 주메뉴다. 고기의 품질과 양념하는 간장의 질이 좋아서 손님들로부터 호평을 받고 있다.

〈고주몽〉에서 가장 추천하고 싶은 메뉴는 점심 특선이다. 소고기 쌈밥과 돼지갈비 정식 중에 고를 수 있는데 1인 12,000원 정도면 근사한 한 상을 받는다. 하노이 물가 대비 저렴한 가격은 아니지만 어디 내놓아도 빠지지 않는 고기 맛과 푸짐한 채소, 테이블 가득 깔리는 반찬으로 모두 극찬을 한다. 다만 점심 특선의 경우 2인분 이상을 시켜야 한다는 제약이 있다.

한식이 그리운 날이면 〈고주몽〉에서 작은 위로를 얻을 수 있을 것이다. 한국인 매니저가 상주하고 모든 직원이 한국어를 제법 잘하기 때문에 마음 편히 의사소통할 수 있다. 잘 차려진 한식 한 상과 오랜만에 쓰는 한국어 덕분에 이방인의 불안함을 잠시나마 내려놓고 식사를 즐길 수 있다. 계산할 때 듣는 "맛있게 드셨어요?" 이 한 문장이 그토록 반가울 줄이야.

〈고주몽〉과의 애틋한 추억이 있다. 하노이에 온 지 얼마 되지 않아 가벼운 사고를 당해 다리 봉합 수술을 받게 되었다. 말도 통하지 않는 병원에서 급하게 처치를 받느라 혼비백산한 상태였다. 놀란 가슴을 진정시켜야 했던 나는 가장 먼저 눈에 보이는 한식집에 들어가 된장찌개를 먹으며 안정을 되찾았다. 그 식당이 바로 〈고주몽〉이다. 그날부터 몇 주 동안 병원 진료가 있는 날이면 〈고주몽〉에 들러 밥을 먹었다. 상처가 나아갈 즈음엔 〈고주몽〉 밥이 주목적이고 병원은 덤 같은 존재가 되었다. 타지에서 낯설고 불안할 때, 몸과 마음이 약해졌을 때 이곳의 밥을 먹고 그 시련을 이겨내서인지 내게 〈고주몽〉의 밥은 '엄마가 해 준 밥'과 닮은 존재다. 요즘도 어김없이 마음이 적적하거나 집밥이 그리운 날에는 〈고주몽〉에 간다. 〈고주몽〉은 한결같이 따뜻한 밥으로 나를 반겨준다.

분짜에도 품격이 있다
꽌넴 Quán Nem

106-k1 Giảng Võ, Chợ Dừa, Đống Đa, Hà Nội
+84 (0)24 3512 3425
09:30 - 21:00
Bun cha, nem, etc.

분짜와 넴을 품격 있게 즐기고 싶다면 <꽌넴 Quan Nem>으로 향하길!

하노이를 여행할 때 꼭 먹어야 할 음식 중 하나로 '분짜'가 꼽힌다. 얇은 쌀국수 면발을 새콤달콤한 국물에 찍어 고기와 곁들여 먹는 '분짜'라는 음식은 '육쌈냉면'을 즐기는 한국인의 입맛에 잘 맞는다는 것이 첫 번째 이유다. 현지의 맛을 제대로 구현한 분짜 식당을 한국에서는 아직 찾기가 힘들기 때문에 본토에서 먹어야 한다는 것이 두 번째 이유다. 다만 분짜 식당을 찾는 일부 여행객들이 힘들어하는 것이 식당이 '너무 로컬스럽다'는 것이다.

15년 전통의 식당 〈꽌 넴 Quan Nem〉에서라면 전통방식으로 만든 분짜를 깔끔하고 위생적인 환경에서 즐길 수 있다. 소문을 듣고 찾아간 주소에는 가로로 긴 건물이 있었다. 보통 하노이의 식당들이 〈번짓수, 도로명〉의 주소를 가진데 비해, 이 식당은 106-K1 이라는 특이한 번지수를 가지고 있다. 양옆을 보니 101-K1에서 118-K1까지 비슷한 주소를 가진 식당이 나란히 입점해 있다. 그렇다면 K1은 이 구역을 나타내는 명칭, 말하자면 이곳은 '먹자 건물'인 셈이다.

〈꽌넴 Quan Nem〉은 여느 분짜 집들과 다르게 쾌적한 분위기를 가지고 있다. 유니폼을 차려입은 직원들이 친절하게 자리를 안내해준다. 메뉴랄 게 분짜와 넴 두 가지뿐이라 고민할 필요도 없다. 요즘 〈꽌넴 Quan Nem〉에서 가장 잘 나가는 메뉴는 화로에 구워 먹는 분짜. 테이블에 항아리 같은 투박한 화로를 놓고 그 위에서 고기를 따뜻하게 데워가며 먹는 방식이다. 시각적인 재미가 더해져서인지 분짜 맛이 기가 막힌다.

초벌구이 된 고기가 화로 위에서 다시 익어가며 은은한 향을 뿜어내는 사이, 채소를 소스에 적시면서 후각으로 먼저 분짜를 음미한다. 면과 채소와 함께 고기를 한 젓가락 가득 집어 입으로 가져간다. 가장 먼저 달짝지근한 맛이 미각을 압도하고, 그다음 고기 씹는 맛을 즐기다가, 마지막으로 채소의 아삭거림을 느끼며 피날레를 장식한다. 절로 엄지손가락이 척하고 튀어나온다. 이게 바로 하노이 분짜다!

추천 메뉴는 단연 화로 분짜다. 하지만 2인분 이상 주문해야 화로 서빙이 가능하다는 단점이 있다. 혼자 식당을 방문한다면 1인분에 해당하는 일반 분짜를 주문하면 되지만, 만약 고기를 좋아해서 혼자서도 많이 먹을 수 있다거나 시각적으로 충족되는 독특한 분짜를 경험하고 싶다면 2인분 화로를 주문하길 바란다.

〈꽌 넴 Quan Nem〉 이라는 식당 이름에서 유추할 수 있듯이 이곳은 '넴' 전문점이다. 수년 전 CNN에서 이 식당의 넴을 최고의 스프링롤로 꼽으면서 명성을 얻게 됐다. 넴을 영어로 번역하면 '스프링롤'이나, 우리가 흔히 생각하는 스프링롤만 뜻하는 단어는 아니다. 하노이를 포함한 북부 베트남에서는 라이스페이퍼로 감싸 만든 롤 음식을 전부 넴으로 통칭하며, 남부지방에서는 고기를 갈아 뭉쳐서 구운 음식을 넴이라고 한다. 이 식당에서 만드는 넴은 북부 하이퐁(하노이 외곽의 항구 도시) 스타일이다. 게살과 여러 채소를 다지고 버무려 라이스페이퍼에 싼 후 바싹하게 튀겨낸 '게 넴'. 미국 방송까지 탄 유명한 음식이니만큼 사이드 디쉬로 추가해 꼭 맛보길 추천한다.

현지식 반쎄오를 맛보고 싶다면
반쎄오 넴루이 167꽌 Bánh xèo Nem lụi 167 quán

5/167 Đội Cấn, Ba Đình, Hà Nội
+84 (0)90 323 00 38
10:30 - 22:00 (break time 14:00 - 16:00)
Vietnam style pan cake, meat skewer, etc.

허름한 골목 식당에서 먹는 베트남 전통 반쎄오. 비로소 이 도시에 속한 사람이 된 듯하다.

반쎄오는 빵과 케이크를 뜻하는 바잉(Bánh)과 '치익 지글지글' 따위의 소리를 지칭하는 의성어 세오(Xèo)가 합쳐져 만들어진 단어다. 즉 반쎄오란 문자 그대로 '지글지글 부쳐서 만든 팬케이크'인 것이다. 현지식 반쎄오 맛집으로 유명한 〈반쎄오 넴루이 Bánh xèo Nem lụi〉는 도이칸(Đội Cấn) 거리 167번지에 있다. 본래 반쎄오 노점상이 많기로 도이칸(Đội Cấn)에서 명불허전 일인자의 자리를 지키고 있는 집이다.

가게를 찾기가 쉽지는 않다. 도이칸 도로에서 번지수를 잘 살피며 샛길로 빠져야 한다. '이 길이 맞나?' 할 때쯤 길거리에 우수수 늘어져 있는 테이블과 의자를 발견했고, 두리번거리는 사이 활기차게 인사를 건네는 사장님 덕에 그곳이 내가 찾는 식당임을 확인할 수 있었다. 가게는 몹시 협소했다. 식당이라고는 조리대와 테이블 네댓 개가 끝이고 자투리 공간에 라이스페이퍼가 쌓여 있었다. 대부분 손님은 가게 앞 골목에 앉아 식사하고 있다.

빨간 테이블에 놓인 초록색 접시, 그 위에 반달 모양의 반쎄오. 원초적인 색감이 향수를 불러온다. 그동안 먹었던 반쎄오와는 전혀 다른 모양이다. 안을 들춰보니 작은 건새우와 돼지고기, 숙주가 듬뿍 들어있다. 생김만 봐서는 타코와 유사하다. 반쎄오와 곁들여 먹는 라이스페이퍼, 양상추, 향채, 오이 그리고 과일 접시가 기본 세팅으로 깔렸다. 과일 접시에는 파인애플과 어린 바나나가 담겨 있다. 행여 잘못 먹을까 봐 걱정이 되었는지 꼼꼼하게 설명을 해준다. 반쎄오를 적당한 크기로 자르고, 라이스 페이퍼를 손에 올린 뒤 양상추와 향채를 페이퍼 위에 깐다. 그다음 반쎄오와 파인애플, 오이, 어린바나나를 채소 위에 올린 후 김밥 말 듯 돌돌 만다. 마지막으로 새콤달콤한 베트남 전통 소스를 찍어서 맛있게 먹으면 된다.

새콤한 소스가 혀를 탁 때리고, 질긴 듯 아닌 듯 밀당하는 라이스 페이퍼를 씹으니 그 안에 있던 쌀가루 전병이 파삭 하고 부서진다. 좀처럼 느껴보지 못한 식감이다. 돼지고기와 새우가 잘근잘근 씹히고 그 사이로 어린 바나나가 덜 익은 과일이 가진 떫은 매력을 더한다. 향채는 기름진 맛을 잡아준다. 오이를 한 개 집어 아삭아삭 씹으면서 다음 반쎄오를 준비한다. 왜 베트남 사람들이 반쎄오를 좋아하는지, 왜 베트남 젊은이들이 이 가게를 좋아하는지 충분히 이해가 간다.

맛보다 더 놀라운 것은 가격이다. 반쎄오 하나에 단돈 500원. 5,000원이 아니고 500원이라고? 잘못 계산한 줄 알고 눈을 비빈 후 메뉴판을 다시 봐야 믿을 수 있는 가격이다. 이 가게의 또 다른 인기메뉴인 꼬치구이는 개당 250원이다. 혼자서 반쎄오를 두 개 먹고, 꼬치구이까지 두어 개 먹는다 쳐도 한 끼에 1,500원밖에 안 나온다는 사실.

돈가스 상사병
렌 Ren

8A Hàng Cháo, Cát Linh, Đống Đa, Hà Nội
+84 (0)24 3733 8550
Lunch 11: 30 - 13:30, Dinner 17:30 - 22:00 (Sunday OFF)
Japanese food, pork cutlet, etc.

'돈까스 상사병'을 치유하는 바삭하고 두툼한 돈까스의 천국.

일본인 지인이 돈가스 가게를 하나 추천했다. 몇 년간 하노이에 살면서 먹어본 돈가스 중에 이곳이 가장 맛있었다는 추천 평과 함께. 그곳은 항차오(Hàng Cháo) 거리에 있는 〈렌REN〉이다. 낮에는 돈가스 정식을 판매하고 저녁엔 이자카야로 변신해 일본식 안주와 술을 판다.

자그마한 일본식 동네 이자카야를 상상하고 갔는데 제법 규모가 있는 레스토랑이었다. 마당에 소박하게 꾸며 놓은 화단과 졸졸 물이 흐르는 분수대가 서울 외곽의 '가든'에서 보던 것처럼 친근하다. 대단한 인테리어는 아니지만 깔끔하게 단장한 내부, 직원들의 친절한 서비스가 마음에 들었다. 흑돼지 등심 돈가스를 주문하고 차가운 녹차를 한 잔 마시며 기다렸다.

돈가스를 먹기 전 반드시 해야 하는 작업이 있다. 깨 소스 만들기. 표면이 울퉁불퉁한 그릇에 담긴 깨를 손님이 직접 스틱으로 갈아 먹는 방식이다. 드르륵 깨가 갈리면서 고소한 향이 올라온다. 진한 갈색의 돈가스 소스를 부어 휘휘 섞어주면 소스의 강렬한 냄새가 코를 톡 쏘면서 식욕을 자극한다. 수북이 담긴 양배추 샐러드에 소스를 듬뿍 뿌리면 준비 끝.
두툼한 등심 가스를 집어 소스에 찍어서 크게 한 입 베어 물면 돼지고기가 탄력 있게 씹히면서 육즙이 입안을 풍만하게 채운다. 비계가 적당히 섞여 있어 더 부드럽고, 고소하다.

모차렐라 치즈가 잔뜩 들어간 치즈 가스도 일품이고, 파를 넣은 돈가스도 매력이 있다. 고기와 채소를 다져 함박스테이크처럼 뭉친 후 튀겨낸 '멘치 가스'는 감칠맛이 풍부해 밥반찬으로 최고다. 식사 후에는 항상 후식이 준비되는데 보통은 과일과 커피를 내준다. 후식 커피인데도 차림새와 맛이 그럴싸하다. 서호 지역에서 유명한 커피 로스터 콕(KOK) 커피를 사용한다. 작지만 강렬한 디테일, 식당에 대한 호감은 이런 작은 것부터 시작된다.

하노이가 돈가스로 유명한 도시는 아니기에 단기간 여행하는 사람이 짧은 시간을 쪼개 꼭 가야 하는 레스토랑은 아니다. 다만 하노이 체류가 길어져 맛있는 돈가스가 그립다면 방문하길 추천한다.

하노이의 새벽 풍경에 대한 화두를 던지고 싶다. 내가 잠을 깨기 위해 애쓰는 새벽 6시, 베트남 사람들은 무엇을 하고 있을까? 놀랍게도 베트남 사람들은 동이 터오는 이른 새벽부터 활동을 시작한다. 도로를 쌩쌩 달리는 오토바이들, 공터에서 맨손체조 중인 주민들, 이미 아침 식사를 개시한 노점상들. 놀라운 것은 꼭두새벽에 국수 먹는 사람으로 노점상이 가득 메워진다는 사실이다. 하노이의 새벽 6시는 내가 알던 '도시의 새벽' 풍경이 아니다. 이미 해가 중천에 뜬 마냥 놀랍도록 활기찬 모습이다.

베트남 사람들은 이른 새벽에 일어나 하루를 연다. 전통 있는 쌀국수집들이 새벽 5시 30분에 영업을 시작하는 걸 보면 이들의 부지런한 하루를 대강 짐작할 수 있다. 쌀국수 가게에 국수를 납품하는 도소매상이나, 국수에 곁들여 먹는 꽈배기 튀이를 만드는 사람들은 새벽 3시쯤 장사를 시작한다. 그러니 새벽 6시는 이들에게 한창 에너지가 충만한 골든타임. 야외에서 태극권을 마친 사람들이 상쾌한 기분으로 아침 식사를 하는 시간, 직장인들이 일터로 출근하기 전 든든하게 배를 채우는 시간, 먹거리를 장만하는 주부들이 재래시장을 가득 메우는 시간이다. 아침 7시가 되면 아침 장사를 마친 노점상이 가게를 정리하고 퇴근하는 모습을 볼 수 있으며, 8시가 되면 로컬 재래시장은 떨이를 처분하고 문을 닫는다.

베트남인들의 부지런한 생활상은 현대화된 회사와 상업 시설에서도 드러난다. 하노이에 위치한 관공서와 은행의 개점 시간은 8시나 8시 반, 백화점은 9시 30분이다. 우리나라보다 한 시간가량 영업 시작 시간이 빠르다. 반면 폐점 시간은 우리나라에 비해 훨씬 늦는 경우가 많다. 하노이의 대표 상권 중 하나인 롯데타워는 9시 30분에 개점해 밤 10시에 폐점한다. 한국 롯데백화점 영업시간이 아침 10시 30분에서 저녁 8시까지인 것과 비교하면 차이가 분명히 보인다. 기본적으로 하루를 일찍 열고 늦게 마무리하는 것이다.

베트남에서 부지런하게 움직이는 것은 사람뿐이 아니다. 한 번은 회전문을 보고 깜짝 놀랐다. 회전문이 팽하고 숨 돌릴 새도 없이 빨리 돌고 있었기 때문이다. 건물 안 에스컬레이터도 거침없이 오르내리고, 하다못해 회전초밥집의 초밥 레인도 재빠르게 돌아간다. 먹고 싶은 초밥을 획득하려면 눈에 불을 켜고 낚아 채야

한다. 엘리베이터 문은 또 얼마나 빨리 열리는지 상승/하강이 미처 끝나기도 전에 출입문이 열리곤 한다.

유럽 여행을 할 때가 떠오른다. 공원에 앉아 한가로이 피크닉을 즐기고, 오후의 티타임을 만끽하는 사람들. 주 40시간 이하의 노동시간과 충분한 휴가를 보장받고, 일-생활 사이에 균형을 유지하며 현재를 소중히 하는 삶. 그들이 가진 여유가 부러웠다. 그에 비해 우리는 너무 쫓기듯 산다고 생각했는데, 베트남 하노이에 살면서 세상의 모든 것은 상대적이라는 진리를 새삼 깨달았다. 유럽의 하루가 여유를 머금고 천천히 흐른다면 이곳의 하루는 물 쏟아지듯 콸콸 정신없이 흘러간다. 하노이에 처음 온 외국인들이 일상생활에서 극도의 피로감을 호소하는 것은 무리가 아니다.

베트남에 살면서 내가 배운 것이 있다면 '이 또한 의미 있다'는 사실이다. 유럽의 여유가 현재를 누리며 행복을 추구할 기회를 준다면, 베트남의 고속 일상에는 어마어마한 성장 동력과 잠재력이 있다. 베트남은 현재 연간 경제성장률 7%에 육박하는 수치를 보이며 무서운 속도로 성장하고 있다. '개발도상국(developing country)'의 영문 표기대로 '발전하고 있는' 나라다. 이들에겐 '더 나은 내일'에 대한 기대가 있고, 눈 앞에 펼쳐진 길을 달려나가는 열정이 있다. 그래서 이들은 활기차고 부지런하다. 손 뻗으면 닿을 법한 행복을 잡기 위해, 꿈을 이루기 위해, 목표를 달성하기 위해 열심히 산다. 그렇기 때문에 베트남 사람들을 볼 때 유럽의 여유와는 다른 맥락에서 인생에 동기부여를 받는다. '나도 부지런하게 살아야지, 내 삶에 부끄러움이 없도록 조금 더 분발해야겠다'고 다짐하게 된다.

'베트남 여행을 가는데 무엇을 먹을까요?' 온라인 여행 커뮤니티에 자주 올라오는 질문이다. 댓글은 모두가 예상하는 바와 같이 '쌀국수', '분짜', '반미', '반쎄오'라고 달리는 게 일반적이다. 물론 이 음식들은 베트남을 대표하는 먹거리가 맞다. 호불호 없이 전 세계인의 입맛을 사로잡은 베트남의 얼굴이기도 하다. 다만 위에 열거한 메뉴 이외에도 베트남 사람들이 즐겨 먹는 전통 음식은 생각보다 훨씬 많다. 불고기와 비빔밥이 한국 음식의 전부가 아닌 것과 같은 이치다. 지면의 한계로 인해 미처 수록하지 못한 베트남 음식과, 여행에서 가볼만한 식당에 대해 이 자리를 빌어 간단히 소개하고자 한다.

우선 하노이 길거리에서 쉽게 볼 수 있는 음식을 꼽아 보겠다. 모 방송 프로그램에 소개되어 인기있는 찰밥 쏘이쎄오(Xôi xéo), 국물 없는 쌀국수와 돼지 부속고기나 두부를 베트남식 새우젓에 찍어먹는 분더우맘톰(Bún Đậu Mắm Tôm), 도톰한 라이스페이퍼에 야채나 고기를 돌돌 말아서 먹는 반쿠온(Bánh Cuốn)과 퍼쿠온(phở cuốn), 베트남식 백반 껌빈전(Cơm Bình Dân) 등이 있다.

서민 음식의 대표 격인 이들 음식은 길거리를 지나다 발견하면 바로 사먹는 것이 좋다. 베트남 사람들의 일상과 뿌리 깊게 밀착되어 있는 만큼 대부분의 길거리 노점상에서도 충분히 맛있는 음식을 제공하고 이름 알려진 특정 식당이 더 반드시 맛있다는 보장도 없다. 한국의 '술빵'이나 '강원도 옥수수찜'을 떠올리면 이해가 될 것이다. 지하철역 앞에서 인상 좋은 할머니에게 사먹는 옥수수가 제일 맛있는 것과 같다. 시끌벅적한 관광지의 면모를 흠뻑 느끼고 싶다면 맥주거리(Tạ Hiện)에서 마가린에 구운 바비큐를 먹으며 하노이 맥주를 한 잔 하는 것도 좋다. 베트남 사람들의 일상을 채우는 길거리 음식을 경험하는 것은 훗날 하노이 여행을 떠올릴 때 두고두고 기억할만한 추억으로 남을 것이다.

본문에 수록한 식당과 카페 외에 방문해 볼만한 식당 목록이다.

●쌀국수

Pho Gia Truyen : 49 Bát Đàn, Cửa Đông, Hoàn Kiếm, Hà Nội

●베트남식 찰밥

Xôi Yen : 35B Nguyễn Hữu Huân, Hàng Bạc, Hoàn Kiếm, Hà Nội 100000

●베트남 가정식

Madam Hien : 15 Chân Cầm, Hàng Trống, Hoàn Kiếm, Hà Nội

Hoang Hoai's Restaurant : 20 Bát Đàn, Hàng Bồ, Hoàn Kiếm, Hà Nội

●반미

Nguyen sinh Ha Noi : 17 Lý Quốc Sư, Hàng Trống, Hoàn Kiếm, Hà Nội

Banh mi Hoi an : 98 Hàng Bạc, Hàng Buồm, Hoàn Kiếm, Hà Nội (외 다수 지점)

●패밀리 레스토랑

AL Frescos : 62 Xuân Diệu, Quảng An, Tây Hồ, Tây Hồ Hà Nội (외 다수 지점)

●스테이크

El Gaucho Argentinian Steakhouse : 11 Tràng Tiền, Hoàn Kiếm, Hà Nội (외 다수 지점)

Moo Beef Steak: 59A Tran Quoc Toan, Hoan Kiem, Hanoi

Vin Steak : 7 Xuân Diệu, Quảng An, Tây Hồ, Hà Nội

●베트남 전통 커피 (카페쓰어다, 달걀커피)

Highland coffee : 1-3-5 Đinh Tiên Hoàng, Hàng Trống, Hoàn Kiếm, Hà Nội (외 다수 지점)

Trung Nguyen Legend Cafe : 26 Hàng Trống, Hoàn Kiếm, Hà Nội (외 다수 지점)

Cafe Giang : 39 Nguyễn Hữu Huân, Hàng Bạc, Hoàn Kiếm, Hà Nội

●Bar

Swing Lounge : 21 Tràng Tiền, Hoàn Kiếm, Hà Nội

Intercontinental Hotel Sunset Bar: 5 Từ Hoa Công Chúa, Quảng An, Tây Hồ, Hà Nội

하노이에서 혼자 밥 먹기

펴낸날 초판1쇄 인쇄 2018년 12월 31일
초판1쇄 발행 2019년 01월 09일

지은이 전혜인
펴낸이 최병윤
펴낸곳 리얼북스
출판등록 2013년 7월 24일 제315-2013-000042호
주소 서울시 강서구 화곡로 58길 51, 301호
전화 02-334-4045
팩스 02-334-4046

종이 일문지업
인쇄 수이북스
제본 수이북스

ISBN 979-11-86173-56-5 14980
ISBN 979-11-86173-55-8 14980(세트)
가격 13,800원

「이 도서의 국립중앙도서관 출판예정도서목록(CIP)은 서지정보유통지원시스템 홈페이지(http://seoji.nl.go.kr)와 국가자료공동목록시스템(http://www.nl.go.kr/kolisnet)에서 이용하실 수 있습니다.(CIP제어번호 : CIP2018042635)」

ravel and eat alone ★ Travel and eat alone ★ Travel and eat alone ★ Tr
eat alone ★ Travel and eat alone ★ Travel and eat alone ★ Travel and
e ★ Travel and eat alone ★ Travel and eat alone ★ Travel and eat alone
el and eat alone ★ Travel and eat alone ★ Travel and eat alone ★ Travel a
alone ★ Travel and eat alone ★ Travel and eat alone ★ Travel and eat alo
ravel and eat alone ★ Travel and eat alone ★ Travel and eat alone ★ Tra
eat alone ★ Travel and eat alone ★ Travel and eat alone ★ Travel and
e ★ Travel and eat alone ★ Travel and eat alone ★ Travel and eat alone
el and eat alone ★ Travel and eat alone ★ Travel and eat alone ★ Travel a
alone ★ Travel and eat alone ★ Travel and eat alone ★ Travel and eat alo
ravel and eat alone ★ Travel and eat alone ★ Travel and eat alone ★ Tra
eat alone ★ Travel and eat alone ★ Travel and eat alone ★ Travel and
e ★ Travel and eat alone ★ Travel and eat alone ★ Travel and eat alone
el and eat alone ★ Travel and eat alone ★ Travel and eat alone ★ Travel a
alone ★ Travel and eat alone ★ Travel and eat alone ★ Travel and eat alo
ravel and eat alone ★ Travel and eat alone ★ Travel and eat alone ★ Tra
eat alone ★ Travel and eat alone ★ Travel and eat alone ★ Travel and
e ★ Travel and eat alone ★ Travel and eat alone ★ Travel and eat alone
el and eat alone ★ Travel and eat alone ★ Travel and eat alone ★ Travel a
alone ★ Travel and eat alone ★ Travel and eat alone ★ Travel and eat alo
ravel and eat alone ★ Travel and eat alone ★ Travel and eat alone ★ Tra
eat alone ★ Travel and eat alone ★ Travel and eat alone ★ Travel and
e ★ Travel and eat alone ★ Travel and eat alone ★ Travel and eat alone ★

Travel and eat alone ★ Travel and eat alone ★ Travel and eat alone ★ Trav
alone ★ Travel and eat alone ★ Travel and eat alone ★ Travel and eat alo
vel and eat alone ★ Travel and eat alone ★ Travel and eat alone ★ Trav
alone ★ Travel and eat alone ★ Travel and eat alone ★ Travel and eat alo
vel and eat alone ★ Travel and eat alone ★ Travel and eat alone ★ Trav
alone ★ Travel and eat alone ★ Travel and eat alone ★ Travel and eat alo
vel and eat alone ★ Travel and eat alone ★ Travel and eat alone ★ Trav
alone ★ Travel and eat alone ★ Travel and eat alone ★ Travel and eat alo
vel and eat alone ★ Travel and eat alone ★ Travel and eat alone ★ Trav
alone ★ Travel and eat alone ★ Travel and eat alone ★ Travel and eat alo
vel and eat alone ★ Travel and eat alone ★ Travel and eat alone ★ Trav
alone ★ Travel and eat alone ★ Travel and eat alone ★ Travel and eat alo
vel and eat alone ★ Travel and eat alone ★ Travel and eat alone ★ Trav
alone ★ Travel and eat alone ★ Travel and eat alone ★ Travel and eat alo
vel and eat alone ★ Travel and eat alone ★ Travel and eat alone ★ Trav
alone ★ Travel and eat alone ★ Travel and eat alone ★ Travel and eat alo
vel and eat alone ★ Travel and eat alone ★ Travel and eat alone ★ Trav
alone ★ Travel and eat alone ★ Travel and eat alone ★ Travel and eat alo
vel and eat alone ★ Travel and eat alone ★ Travel and eat alone ★ Trav
alone ★ Travel and eat alone ★ Travel and eat alone ★ Travel and eat alo
vel and eat alone ★ Travel and eat alone ★ Travel and eat alone ★ Trav
alone ★ Travel and eat alone ★ Travel and eat alone ★ Travel and eat alo
vel and eat alone ★ Travel and eat alone ★ Travel and eat alone ★ Travel a